JN256259

集積回路のための
半導体デバイス工学

博士（工学） 小林 清輝 著

コロナ社

ま え が き

　この数十年の間，情報通信技術の飛躍的な進歩が社会と人々の暮らしに大きな変化をもたらしてきた。インターネットと通信関連のインフラストラクチャーの構築，そしてスマートフォンをはじめとする電子機器の発達によってユビキタスネットワーク社会が現実のものとなったことはその一例である。さらに，今から 21 世紀中盤にかけては IoT（Internet of Things）や AI（Artificial Intelligence）の普及も加わって一層大きな変化が訪れると予想されている。このような幾重もの変革の礎となっているのが，20 世紀後半から今日にかけて構築されてきた集積回路技術である。

　集積回路（IC：Integrated Circuit）の中で大規模なものは LSI（Large Scale Integration，大規模集積回路）と呼ばれ，多いものでは 1 チップに百億を超える素子を有している。LSI は設計者が生み出すさまざまな機能を持った電子回路を具現化するプラットフォームであり，このため搭載する電子回路の種類は無数といってよいほど多い。また新たな原理に基づいて動作する素子がつぎつぎと提案され，それらを組み込んだ数多くの新製品が開発されている。このように LSI はその生産量が莫大となった今日においてもなお大きな可能性を有している。

　大多数の LSI は MOSFET（Metal-Oxide-Semiconductor Field Effect Transistor）と他の素子からなる電子回路をシリコン基板に形成し，情報の取り込み・情報処理・データの記憶を行えるようにしたデバイスである。本書はこのような「シリコンを使った MOS 集積回路」について初めて学ぼうとする人のための教科書である。本書が想定するおもな読者は，電気電子・情報通信分野

の大学生と工業高等専門学校生である。また，社会において初めて LSI と関わることとなった技術者や半導体製造装置・半導体材料の開発と設計に携わる技術者，LSI の生産や要素プロセスを担当する技術者であって，MOS 集積回路について学び直そうという方々も念頭に置いて執筆した。

　本書は六つの章からなっており，前半の主題は MOSFET の動作原理と集積回路を微細化する理由である。論理回路をはじめとする多くの電子回路が MOSFET を用いて実現されており，その動作原理を理解しておくことは電気電子工学を学ぼうとする学生にとってきわめて重要である。これを理解するためには結晶のエネルギーバンドに関する知識が必要となるため，2章と3章で結晶中の電子の状態と半導体物性の基本事項を扱い，4章で MOSFET の動作原理について説明した。また4章では，MOSFET が論理回路の中でどのように働いているかを具体的に説明するために CMOS（Complementary Metal-Oxide-Semiconductor）インバータの動作についても触れた。LSI には微細化という大きな流れがあり，そのことがこの分野の特徴である。LSI が微細化されてきた理由を説明するために1章で LSI の歴史について概観し，4章において比例縮小則を扱った。

　本書の後半の主題は LSI がどのような技術によって作製され，作製された LSI がどのような動作を行っているのかを理解することである。このため5章では，フォトリソグラフィやエッチング，薄膜形成などの要素プロセス技術と CMOS インバータの製造プロセスの流れを説明し，ゲート絶縁膜とゲート電極，金属シリサイド，銅配線の形成技術について説明した。最後の6章では，LSI の中での MOSFET と回路の動作を説明するために4種類のメモリ LSI を取り上げ，それらのメモリセルの基本動作を説明した。これら4種類のメモリ LSI はディジタルシステムの中で個々に重要な役割を担っている。また，それぞれ固有の原理でデータを記憶しているが，初歩的な電気回路の知識があればメモリセルの基本動作については比較的容易に理解することが可能であろう。別のカテゴリーの LSI として SoC（System on a Chip）（システム LSI）があるが，これについて理解するためにはメモリに加えて，ALU（Arithmetic Logic

Unit）や多種類の論理ゲートから構成されるさまざまな論理回路の構成と動作，さらにそれらの設計手法について学ぶ必要があり，別に1冊の教科書を必要とするであろう。この分野については，すでにいくつかの教科書が発行されている。これらの理由から本書ではメモリLSIを取り上げた。

各章の演習問題には学修状況を確認するための問題に加え，本文の内容を補う知識を習得するための問題と数値を扱う問題を含めた。いずれも基礎的な問題であり，読者にはぜひ取り組んでいただきたい。

繰り返しになるが，執筆に当たっては本書がMOS集積回路について学ぼうとする方々の入門書となるように心掛けた。読者が息切れするのを避けるために，個々の事項についてはできるだけ簡潔で平易な説明に努め，限られた側面ではあるが現代のLSIの姿を掴めるようにと考えた。同様の考えで，MOS集積回路について学ぶための重要事項の中でMOSFETのスイッチング動作の説明を優先し，これに多くの紙面を割いたが，pn接合と金属-半導体接合についての説明を含めなかった。MOSFETにおいてもソース・ドレインとウェルの間はpn接合となっており，コンタクトプラグとシリコン基板の接続部分は金属-半導体接合となっている。それゆえ読者が本書を読み終えた後，MOS集積回路についてさらに学修を継続する場合には上記の事項についても学んでいただきたい。これらを扱った半導体工学・半導体デバイス工学の教科書は数多く発行されている。また本書では，エネルギーバンドの説明に関して一次元結晶格子とほとんど自由な電子の近似を用いる取り扱いを中心に記述し，MOSFETの電流-電圧特性に関してはグラジュアルチャネル近似を用いる説明にとどめた。これらについてさらに深く学ぼうとする方々は，固体物理やMOSデバイスの物理に関する専門書を手に取って学修を進めていただきたい。

LSIの進歩は目覚ましく，つぎつぎと新しい技術が登場し，旧来の構造や技術が陳腐に見えてしまうことも少なくない。このため本書の執筆に着手するまでの間，著者もその内容が出版後に時代遅れとなるのではないかと懸念し，悩んだ。しかしながら先端技術も多くは従来技術から一つひとつ進歩を重ねることによって構築されたものであり，両者には共通する基本原理がある。さらに

iv　　ま　え　が　き

は MOS デバイスの動作原理や各プロセス技術の基本原理には時代を経ても知っておくべき考え方があり，執筆に際してできる限りそのような本質的な部分を尊重したつもりである。本書が MOS 集積回路を学ぶ諸氏の助けになれば幸いである。

ただし，浅学非才を顧みずに本書を執筆したため，記述不足や誤りがあると思う。この点については読者からご叱正を頂戴できれば有難く存する。

最後に，本書の執筆に当たって国内外の多くの文献を参考にさせていただき，読者に参考となると思われるものを選んで各章末に引用・参考文献として掲載させていただいた。これらの文献から多くを学ばせていただき示唆を得たことについて各著者にお礼を申し上げる。また，本書を執筆する機会を与えていただいたコロナ社の各位に感謝の意を表する。

2018 年 2 月

小林　清輝

目　　　次

1章　集積回路の微細化が進められた理由

1.1　なぜ集積回路を微細化するのか······························ 2

1.2　集積回路の微細化と性能の推移······························ 5

1.3　近 年 の LSI·· 7

1.4　集積回路の種類と用途···································· 10

演 習 問 題·· 14

引用・参考文献·· 14

2章　固体電子論の基礎

2.1　自由電子の波動関数······································ 16

　2.1.1　ド・ブロイの関係式································ 16

　2.1.2　シュレディンガー方程式···························· 17

　2.1.3　井戸型ポテンシャルの中の1個の電子の状態·········· 19

　2.1.4　箱の中の自由電子の状態密度······················ 23

2.2　シリコンの結晶構造······································ 24

2.3　逆 　格 　子·· 26

2.4　結晶の中の電子の波動関数································ 28

2.5　エネルギーバンド·· 31

2.6　金属，絶縁体，半導体のエネルギーバンド················ 35

演 習 問 題·· 37

引用・参考文献 ………………………………………………………………… 37

3章　半導体中のキャリヤ

3.1　真 性 半 導 体 ………………………………………………………… 38

3.2　真性半導体の伝導電子密度と正孔密度 ………………………… 39

3.3　真性フェルミ準位 ……………………………………………………… 43

3.4　有　効　質　量 ……………………………………………………… 44

3.5　正　　　　　孔 ……………………………………………………… 46

3.6　不 純 物 半 導 体 ……………………………………………………… 48

3.7　キャリヤ密度とフェルミ準位 ……………………………………… 52

3.8　キャリヤのドリフトと移動度 ……………………………………… 55

3.9　キャリヤの拡散 ………………………………………………………… 58

演　習　問　題 ……………………………………………………………… 59

引用・参考文献 ……………………………………………………………… 62

4章　MOSFET の動作原理

4.1　MOS　構　造 ………………………………………………………… 63

4.2　空　乏　近　似 ……………………………………………………… 70

4.3　ポアソン方程式の厳密な解 ………………………………………… 76

4.4　フラットバンド電圧 …………………………………………………… 79

4.5　MOSFET の動作 ……………………………………………………… 81

4.6　線形領域と飽和領域のドレイン電流 …………………………… 83

4.7　MOSFET の種類 ……………………………………………………… 86

4.8　CMOS インバータ …………………………………………………… 89

4.9　比　例　縮　小　則 ………………………………………………… 93

4.10　MOSFET における短チャネル効果 …………………………… 98

演　習　問　題 ……………………………………………………………… 100

引用・参考文献 ……………………………………………………………… 103

5章　LSI製造プロセス

5.1　LSIができるまでの流れ……………………………………………104

5.2　製造プロセスのフロー………………………………………………106

5.3　要素プロセス技術……………………………………………………109

　5.3.1　フォトリソグラフィ……………………………………………109

　5.3.2　ドライエッチング………………………………………………114

　5.3.3　薄　膜　形　成…………………………………………………116

　5.3.4　洗浄とウェットエッチング……………………………………121

　5.3.5　化学機械研磨（CMP）…………………………………………123

　5.3.6　イオン注入と熱拡散……………………………………………125

　5.3.7　クリーンルーム…………………………………………………128

5.4　LSIのプロセスフロー（CMOSインバータ）……………………129

5.5　MOSFET高性能化技術の進展………………………………………138

　5.5.1　高誘電率ゲート絶縁膜…………………………………………138

　5.5.2　メタルゲート電極………………………………………………142

　5.5.3　ニッケルシリサイド……………………………………………146

5.6　銅　　配　　線………………………………………………………146

5.7　シリコン結晶…………………………………………………………150

演　習　問　題……………………………………………………………152

引用・参考文献……………………………………………………………153

6章　LSIの構成と動作

6.1　DRAMの動作…………………………………………………………154

6.2　SRAMの動作…………………………………………………………158

6.3　NOR型フラッシュメモリの構造と動作……………………………160

6.4　NAND型フラッシュメモリの構造と動作…………………………167

演　習　問　題……………………………………………………………176

引用・参考文献……………………………………………………………177

演習問題の解答 ………………………………………………………178
索　　　引 ……………………………………………………………182

集積回路の微細化が進められた理由

　人類史において最初に登場した汎用コンピュータはENIACと名付けられ，その使用目的は軍用に限られていた。約1800本の真空管を使用し，総重量は約30tにも及んだと言われている。21世紀の今日では，ENIACに比べて桁違いに高い性能を有するスマートフォンが広く一般に普及し，時計や眼鏡のように身に着けるウェアラブルコンピュータも手に入るようになった。これらを含む多くの電子機器がインターネットと結ばれ，それらを使って個々人が世界に容易に情報を発信することができる。カーナビゲーションシステムもインターネットと接続され，自動車の自動運転機能の進展も著しい。道路や工場・住宅に張り巡らしたセンサからの情報をインターネットを介して収集して活用する仕組み（IoT：Internet of Things）も本格的な利用が始まりつつある。図1.1は，スマートフォン（Apple社製iPhone 4S）の内部を撮影した写真である。高度な機能を持つスマートフォンが少ない部品点数で構成されてい

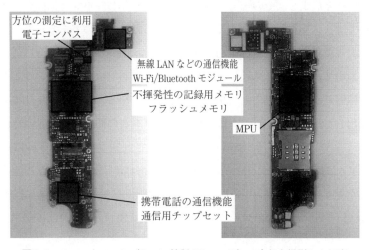

図1.1　スマートフォン（Apple社製iPhone 4S）の内部を撮影した写真

2   1.　集積回路の微細化が進められた理由

ることに驚かされる。上述した機器類は，図 1.1 で見たようにいずれもその中枢に集積回路（IC：Integrated Circuit）を用いており，集積回路の高性能化と低コスト化がそれらの登場を牽引してきたと言っても過言ではない。本章では，集積回路技術の歴史を振り返った後，集積回路の性能向上とともにその微細化が進んだ理由および，近年の集積回路の姿について簡潔に説明する。

1.1　なぜ集積回路を微細化するのか

　歴史上最初のトランジスタは，1947 年に Walter H. Brattain と John Bardeen が発明した点接触型トランジスタ（point-contact transistor）と言われている[1]†。この素子に使用された半導体材料はゲルマニウムであった。その後 1951 年に接合型トランジスタ（junction transistor）が William B. Shockley によって発明され，これらの出来事によって固体素子技術の扉が開かれた。集積回路は，1958 年に Texas Instruments 社に在籍していた Jack C. Kilby に よ っ て 発 明 さ れ た と さ れ て い る。1959 年 に は，Fairchild Semiconductor International 社の Robert N. Noyce によってプレナー技術の特許が出願された[2]。その内容は，シリコン基板表面を酸化してシリコン酸化膜（SiO_2膜）を形成し，その一部を除去してマスクとし，不純物拡散を行うことによってベース層やエミッタ層を順次形成するというものである。この技術は今日の大規模集積回路（LSI：Large-Scale Integration）の製造技術に通じる画期的なものであった。その後，この技術を使ってバイポーラトランジスタを用いた集積回路が工業製品として生産されるようになる。続いて，シリコン表面を熱酸化して形成するシリコン酸化膜がシリコンとの間で良好な界面特性を示すことがわかってくると，1960 年代になってシリコンを用いた MOSFET（Metal-Oxide-Semiconductor Field Effect Transistor）が実用化され急速にその利用が進んだ。1960 年代後半，シリコンゲート技術とイオン注入技術を導入した自己整合 MOS プロセスが発表され，LSI への道が開かれた[3,4]。

---

†　肩付の数字は，章末の引用・参考文献番号を表す。

MOSFETを用いるLSI技術が飛躍的な進歩を遂げた結果，現在では，使用されるトランジスタの大多数がMOSFETである。

有名なムーアの法則（Moore's law）が唱えられたのは，1965年のことといわれている。その一部は「1チップ当たりのトランジスタ数は，約2年ごとに2倍になる。」というものである。**図1.2**に，1970年代から2010年代までの約40年間のMPU（Micro-Processing Unit）のトランジスタ数の推移を示した。グラフの横軸は各製品の量産が開始された年である。図中の実線はムーアの法則を表しており，MPUの集積度の推移がこの法則によく従っていることがわかる。

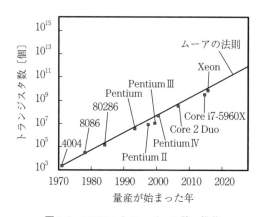

図1.2 MPUのトランジスタ数の推移

では，集積回路の高集積化と高性能化が進んだ原動力について考えてみよう。集積回路に求められる性能は，概ね以下のように整理される。

① **集積度**　さまざまな機能を搭載した電子機器を実現するために，多くの種類の電子回路が必要である。1チップに多種類の電子回路を搭載するために集積回路の高集積化が求められている。また大きな情報量を扱うために大容量メモリが必要とされており，メモリ集積回路の高集積化が求められている。

② **信号処理速度**　より多くの情報をより高速で処理できる電子機器が求められている。高速で情報処理を行うために，集積回路の動作周波数の向

4   1. 集積回路の微細化が進められた理由

上が求められてきた。その方策として，回路を構成する MOSFET の駆動
電流を大きくし，回路内の寄生抵抗と寄生容量を低減することが重要である。

③ **消費電力**　　電子機器を使用する際の電力コストを低減し発熱を抑制するために集積回路の消費電力の低減が求められている。またスマートフォンやウェアラブルコンピュータ，IoT 関連機器などは，限られた電源供給能力のもとで長時間の使用を求められるため，低消費電力の集積回路が必要である。世界中の電子機器の消費電力を合計すると莫大な量となる。それゆえ，地球環境のためにも電子機器を構成する集積回路の消費電力の低減が重要である。

④ **コスト**　　上記の ① ～ ③ を備えた集積回路が低価格で実現されることで，優れた性能と利便性を有する電子機器が人々や企業などの機関にとって購入可能な価格で供給されるようになる。このことによって，電子機器の新たな用途も開拓され，その種類が広がり，ますます多くの電子機器が人々の暮らしや社会に用いられるようになる。

1970 年頃からの約 40 年間の長期にわたって，集積回路に対するこれらの要求を同時に実現できる解として，回路の微細化が有効であった。回路とそれを構成する MOSFET を微細化することによって，① ～ ③ の性能の向上と同時に，コストの低減を実現できることは集積回路の大きな特徴であった。一般に自動車や航空機などの他の工業製品では，高性能を追及すると製造コストが上昇してしまう。しかし集積回路では MOSFET を含む回路の寸法を縮小することによって ① ～ ④ が実現できたのである。回路を微細化することによって，1 チップにより多くの素子を搭載できるようになるため，高集積化が実現できることは自明であろう。高速信号処理と消費電力の低減も MOSFET の微細化によって実現できたが，そのメカニズムについては 4 章で解説する。回路全体の微細化によって製造コストが下がる理由については次節で説明する。

1.2 集積回路の微細化と性能の推移

本節では，集積回路の微細化と動作周波数，製造コストのこれまでの推移を概観する。**図1.3**(a)は，nチャネルMOSFETの断面模式図である。実際にLSIに使用されているMOSFETはこの図に比べてかなり複雑な構造を有しているが，ここではMOSFETを形作るために最低限必要なシリコン基板とゲート電極，ゲート絶縁膜，ソース，ドレインのみを描いた。図(b)は，MPUに使用されてきたMOSFETのゲート長とMPUの量産開始時期の関係を示している。図(a)に示すようにゲート長はゲート電極の寸法の一つであり，グラフの各点はその時期に使用が許された最小のゲート長を表している。最先端LSIでは1970年代から2010年代後半の今日まで，回路の設計基準を2年ごとに約0.7倍に縮小するというトレンドが踏襲されてきた。図(b)より，ゲート長は1970年からの30年間で1/100以下になったことがわかる。

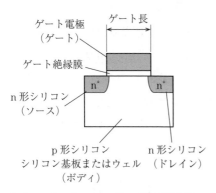
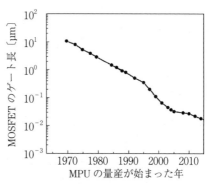

(a) nチャネルMOSFETの断面模式図　　(b) MOSFETのゲート長とMPUの量産開始時期の関係[5]

図1.3 MOSFETのゲート長の推移

図1.4は，MPUの動作周波数と量産開始時期の関係を示している。MPUの動作周波数が飛躍的に向上してきたことがわかる。1970年代から約30年間の動作周波数の向上には，回路とそれを構成するMOSFETの微細化が大きく

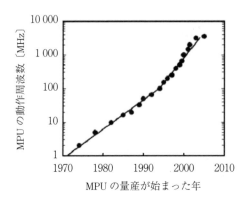

図 1.4　MPU の動作周波数の推移[6]

貢献してきた。2000 年頃からは MOSFET を微細化するのみでは回路動作を高速化することが難しくなってきたが，シリコン結晶に応力を加えて伝導電子と正孔の移動度を向上させる歪み技術や高誘電率ゲート絶縁膜などの新技術を導入することによって高速化が実現されてきた。

つぎに製造コストについて考えてみよう。図 1.5 は，シリコンウェーハの上に形成された LSI チップを描いている。LSI は，① 回路設計，② フォトマスク作成，③ ウェーハ上に回路パターンを形成して多数の LSI チップを同時に作製するウェーハプロセス，④ 作製したチップをウェーハから切り出してパッケージに収納するアセンブリ，⑤ 不良品を判別する製品試験などを経て製造される。一般には，LSI の製造コストの中でウェーハプロセスのコストの

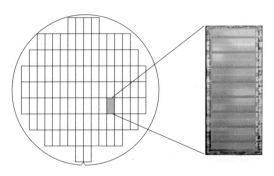

図 1.5　シリコンウェーハの上に形成された LSI チップ

占める割合が大きい。このため，ウェーハ1枚を完成するウェーハプロセスのコストWを，ウェーハ1枚から取得できるチップ数Nで割った額W/Nが，1個のLSIの製造コスト（チップコスト）において大きな割合を占めることになる。

ある世代のLSIの設計基準をF〔nm〕とし，次世代において設計基準を$0.71 \times F$〔nm〕に縮小する場合を考えてみよう。このとき，同じ回路を持つ次世代LSIチップの面積は約0.5倍（$0.71 \times 0.71 \fallingdotseq 0.5$）に縮小される。すると，1ウェーハから取得できるチップの数は2倍となる。一方，設計基準を縮小してLSIを微細化するためには，より高度なプロセス技術が必要となり，製造工程も複雑になる。このため高価な製造装置や材料が必要となり，ウェーハ1枚を加工して回路パターンを形成するコストが上昇する。このコスト上昇の係数kが1.3倍であったと仮定すると，チップコストは0.65倍（$1.3W/(2N) = 0.65W/N$）となる。すなわち35%のコスト低減が実現できるが，これは微細化の効果である。もちろんコスト低減率は係数kに依存するが，現実に大きな効果が見込めるため，製造コストの低減がLSIを微細化する大きな動機となってきたのである。

余談であるが，上記のような微細化を実現するには，5章で説明する多岐にわたるプロセス技術の進歩が必要であった。LSI製造プロセス技術の分野では，ITRS（International Technology Roadmap for Semiconductors）と呼ばれる技術ロードマップが2001〜2013年に掛けて2年おきに作成された[7]。このロードマップによって，世界のさまざまな研究機関と民間企業に所属する多くの研究者と技術者が，次世代LSI開発に関する技術目標と課題を共有して技術開発を進めたのである。

1.3　近年のLSI

本節では，近年のLSIの姿を概観しよう。微細化の進展によりMOSFETの姿は，どのようになったのであろうか。**図1.6**は近年のMOSFETとさまざ

8   1. 集積回路の微細化が進められた理由

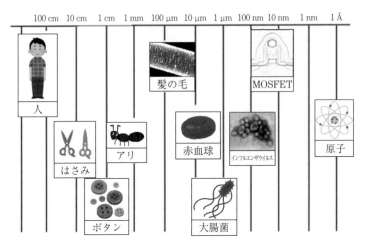

図 1.6 近年の MOSFET とさまざまな物質や生物の大きさの比較
（$1Å=10^{-10}$ m $=0.1$ nm）

な物質・生物の大きさを比較した図である。インフルエンザウイルスの直径が約 100 nm であるから，近年の MOSFET はウイルス内に収まってしまうほど小さい。現代の LSI 産業では，このような微細な素子をシリコンウェーハ全面にわたって数千億個も再現性良く作製しており，そのようなウェーハを大きな工場では月に 10 万枚も生産している。近年の LSI 技術における重要な出来事の一つに FinFET の実用化がある（FinFET については 5.5.2 項を参照）。2012 年に 22 nm ルールの MPU において，シリコン基板表面に垂直に形成したフィン形状の薄いシリコン層に MOSFET を形成する FinFET 構造の採用が始まった。この構造を用いることによって MOSFET のさらなる微細化が可能となり，2017 年には 10 nm ルールの MPU の生産が発表された。さらに 7 nm ルールや 5 nm ルールへの微細化についても開発が続けられている。

　また現在では，高集積化技術の進展によって一つの LSI に機能の異なる複数の種類の回路――例えば，MPU と大容量メモリ，外部機器とのインタフェース，アナログ回路――を取り込めるようになり，1 個の LSI の上に一つのシステムを構築できるようになった。このような LSI は SoC（System on a Chip）と呼ばれている（**図 1.7**）。ボード上にいくつもの種類の LSI チップを実装す

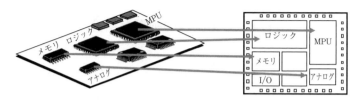

図 1.7 SoC (System on a Chip)

る場合と比べて製造コストを低減でき，MPU とメモリの間の情報転送が高速になるなど性能も向上する。このためさまざまな電子機器が SoC を用いるようになっている。

ITRS では，今後の集積回路技術の進展は二つの軸を中心に進むとされている[8]。一つは回路の微細化の追求であり，この技術の方向はムーア（Moore）の法則を推し進めるとの意味から「More Moore」と表現されている。微細化のつぎの技術の流れとして「Beyond CMOS」，すなわち MOSFET を用いる CMOS（Complementary Metal-Oxide-Semiconductor，相補型 MOS）回路に取って代わる新しい方式の回路の登場が期待されている。しかし，MOSFET を全面的に置き換えることができる素子はいまだ登場していない。もう一方の軸は，集積回路技術の展開と他の技術分野との融合による多様なデバイスへの進化であり，この方向は「More than Moore」と呼ばれる。一例として，生体情報を取得するデバイスの登場を挙げることができる。

6.4 節で詳述する NAND 型フラッシュメモリは，USB メモリやスマートフォンのデータ保存，SSD（Solid State Drive）などを構成する不揮発性半導体メモリであり，DRAM（Dynamic Random Access Memory）と並んで大量に生産されている LSI である。このメモリ LSI においては近年微細化が困難となり 15 nm ルールの辺りで微細化が停止した。代わってメモリトランジスタをシリコンウェーハに垂直な方向に積層する三次元積層メモリセル構造が用いられるようになった[9]。このような三次元構造の採用は集積回路技術の進化の一つの方向となっている。

1.4 集積回路の種類と用途

通常，集積回路とは，能動素子（トランジスタやダイオード）と受動素子（抵抗やキャパシタなど），金属配線のすべてを一体のものとして1枚の半導体基板の表面にプレナー技術を用いて作製するモノリシック（monolithic）集積回路のことを指す。モノリシックとは一つの石という意味である。一方，個別に作られた各種半導体チップや受動素子などを絶縁基板上に実装して結線したハイブリッド集積回路もある。しかし，モノリシック集積回路の方が大量に製造されており，圧倒的に多くの場面で使用されているので，本書でもモノリシック集積回路を集積回路と呼ぶことにする。前節までに述べてきたように，集積回路はその誕生以来急速な進歩を遂げてきた。その過程でさまざまな製品が開発され，種類も豊富となった。本節では集積回路にどのような種類があるのかを説明し，代表的な集積回路の用途について説明する。

集積回路の分類にはさまざまな切り口がある。使用するウェーハの材料の観点では，シリコンウェーハを使用するものと化合物半導体ウェーハを使用するものに分類することができる。シリコンウェーハは14族の元素であるシリコン（Si）の単結晶でできており，直径300 mmまでの口径の製品が販売されている。化合物半導体に比べると大口径のウェーハが実現されており，安価で欠陥密度が低いという特徴がある。現在，直径450 mmのシリコンウェーハも開発中である。これらの特徴がLSIの進歩を後押ししてきたといえる。化合物半導体ウェーハには元素の組み合わせによって多くの種類が存在し，例えばGaAs や InP，GaP，GaSb，InSb などのウェーハが製品化されている。$Ga_xIn_{1-x}As$（$0<x<1$），$Ga_xIn_{1-x}As_yP_{1-y}$（$0<x<1$，$0<y<1$）のような混晶半導体も作製することができ，エネルギーバンドギャップなどの半導体物性を変えることができる。化合物半導体は発光素子に向いており，また電子や正孔の移動度が高い材料を選ぶと高速で動作するトランジスタを作製することも可能である。一方，低欠陥密度の大口径ウェーハを作ることが難しくウェーハ

価格も高い。このため，一般には化合物半導体ウェーハを LSI には使用することはない。ただし，電子や正孔の移動度が高いことに着目して，シリコンウェーハの表面に化合物半導体を成長させて MOSFET のチャネルの部分に使用する技術の開発が進められている。

　使用するトランジスタの種類，即ち MOSFET とバイポーラトランジスタのどちらを使用するかで集積回路を分類することもできる。バイポーラトランジスタの特徴は出力パワーが大きく動作速度が速いことであったが，消費電力が大きく，MOSFET と比較すると微細化に対して不利であるために高コストになる。MOSFET の特徴は，微細化し易く低コストであることと消費電力が小さいことである。これまで MOSFET がバイポーラトランジスタに比べて圧倒的に多く用いられてきたことにより，MOSFET に関連する技術革新が進み，スーパーコンピュータに使用する MPU のような高速で動作する LSI も MOSFET を使って製造されるようになった。

　機能の観点では集積回路をいくつかの種類に分類することができる。例として

（ a ）　MPU，MCU（Micro Control Unit），DSP（Digital Signal Processor）

（ b ）　SoC（システム LSI）

（ c ）　メモリ

（ d ）　イメージセンサ

を挙げておく。MPU はマイクロプロセッサとも呼ばれ，コンピュータの中枢を担い演算を専門とした LSI である。MCU はマイクロコントローラないしはシングルチップマイコンとも呼ばれ，電子機器や家電製品に組み込まれることが多く，CPU コアとメモリ（ROM やフラッシュメモリ），外部機器と通信するための入出力部などを集積したものである。DSP は，音声信号や画像信号などのデジタル信号を実時間で加工する用途に特化した MPU である。SoC については前節で述べたので説明を割愛する。

　メモリには RAM（Random Access Memory）と ROM（Read Only Memory），フラッシュメモリ（flash memory）などがある。RAM とはチップ内の任意の

12   1. 集積回路の微細化が進められた理由

アドレスを指定してデータの書き込み・読み出しが行えるメモリのことである。代表的なものには DRAM（Dynamic Random Access Memory）と SRAM（Static Random Access Memory）がある。DRAM はメモリセルがキャパシタと制御トランジスタの 2 個の素子だけで構成されており，メモリセルの占有面積が小さいため，1 ビット当りのコストが低く大容量に向いている。ただし，記憶したデータの保持時間が限られており（約 1 秒以内），定期的にデータの再書き込みを行う必要がある。大容量かつ書き込みと読み出しが高速という特徴を持つため，コンピュータのメインメモリに使用されており，テレビやスマートフォンにも搭載される。SRAM は電源を供給している限り記憶したデータを保持し続けることができ，この点では DRAM よりも使い易いメモリである。ただし，一つのメモリセルが 6 個の素子で構成されるためメモリセルの占有面積が大きく，1 ビット当りのコストが高いこともあり，大容量には向いていない。高速動作・低消費電力という特徴を有しているため，MPU や SoC の内蔵メモリに使われることが多い。

ROM には，マスク ROM（mask ROM），EPROM（Erasable and Programmable Read Only Memory），EEPROM（Electrically Erasable and Programmable Read Only Memory）がある。マスク ROM は任意のアドレスを指定してデータの読み出しのみを行うことができるメモリである。製造する過程で回路にデータを書き込むため製造後にデータを書き換えることはできないが，機能が単純であるため比較的製造コストが低く，ゲーム機のソフトや組み込み機器で使われてきた。EPROM はメモリセルがフローティングゲートを有する FET で構成されており，電源を切っても記憶しているデータを保持することができる不揮発性メモリの一種である。専用機器を使ってデータを書き込むことができ，またパッケージ上面にガラス窓が設けられており，そこに紫外線を照射することでデータを消去することができる。ただし，このような使い方であるため，データを書き換えるためには電子機器からいったん取り外す必要がある。EEPROM は電子機器に取り付けたままデータの書き込みと消去を行うことができる不揮発性メモリである。ただし，DRAM などは書き換え可能回

数が無限と言えるほど多いのに対し，EEPROM では 10^6 回程度が限界であり，データの書き込み速度も DRAM や SRAM と比べると著しく遅い。

NOR 型フラッシュメモリもディジタル回路に実装したままデータの書き込みと消去を行うことができる不揮発性メモリである。EEPROM の一種と分類する場合もあるが，一般に両者の製品規格が異なり，この品種のみで大きな市場を獲得していることもあり，NOR 型フラッシュメモリという一つのカテゴリーと捉えることができる。多くの場合，EEPROM のメモリセルは 2 個のトランジスタで構成されるのに対し，NOR 型フラッシュメモリはメモリセルを 1 個のトランジスタで構成するために大容量に向いている。NOR 型フラッシュメモリは MCU などに混載されることも多い。ただし，データの消去をビットごとに行うことができないなどの制約がある。NAND 型フラッシュメモリも不揮発性メモリの一種であり，大容量データの保存に特化したメモリである。USB メモリや SSD（Solid State Drive），メモリカードなどの外部記憶装置に使われており，スマートフォン，ディジタルスチルカメラ，携帯音楽プレーヤなどにおいて電源を切ったときに機器に残すデータの保存も担っている。HDD（Hard Disk Drive，ハードディスクドライブ）と競合しているが，徐々に NAND 型フラッシュメモリを使用する場面が増えている。本書では 6 章において，DRAM と SRAM の記憶原理について説明し，NOR 型フラッシュメモリと NAND 型フラッシュメモリの記憶原理と回路構成，メモリ回路の動作について説明する。

イメージセンサは画像を取り込むための撮像デバイスであり，CMOS イメージセンサと CCD（Charge-Coupled Device）イメージセンサに大別される。どちらも二次元に配列された各画素にフォトダイオードを有しており，被写体から来た光によってシリコン中で励起された伝導電子を信号として取り出すことで画像データを作り出す。5 章で説明する CMOS 技術を用いて作製されるのが CMOS イメージセンサであり，ディジタルスチルカメラやディジタルビデオカメラにおいておもに使用されている。

集積回路を分類する際に，回路規模に応じて SSI（Small Scale Integration），

14   1. 集積回路の微細化が進められた理由

MSI（Middle Scale Integration），LSI と区分けする文献もあるが，LSI 以外の呼称は一般にはほぼ使われていない。多くの場合，小規模な集積回路を IC（Integrated Circuit），大規模集積回路を LSI と呼んでいる。

演 習 問 題

【1.1】 シリコンウェーハを大口径にすると LSI の製造コストが減少すると考えられてきた。このため，大口径ウェーハとそれに対応する製造技術の開発が行われてきた。直径 150 mm のウェーハは 1981 年から LSI の量産に用いられるようになり，その後，直径 200 mm のウェーハが 1990 年から，直径 300 mm のウェーハが 2001 年から用いられるようになった。直径 200 mm から 300 mm のウェーハに変更すると取得できるチップ数は何倍になるか求めなさい。ただし，どちらの場合もチップ面積は同じとし，各ウェーハから取得できるチップの数はウェーハの面積をチップ面積で割った値とする。つぎに，LSI チップの製造コストが何％減少するか求めなさい。ただし，1 ウェーハ当りの製造コストが 200 mm ウェーハの 1.5 倍となると仮定すること。

【1.2】 MOS デバイスの歴史に関する以下の各問に答えなさい。

（1） 歴史上最初のトランジスタに使用された半導体を元素名で答えなさい。その元素は周期表のどの族に属しているか答えなさい。

（2） （　　）は 1958 年に Jack C. Kilby によって発明された。（　　）に当てはまる語句を答えなさい。

（3） 2001～2013 年に掛けて 2 年おきに LSI 技術に関するロードマップが作成された。ロードマップの名称を答えなさい。

引用・参考文献

1) J. Bardeen and W. H. Brattain：Phys. Rev., 71, 230（1948）

2) 米国特許：Robert N Noyce："Semiconductor device-and-lead structure", US 2981877 A, 1959 年出願

3) R. W. Bower and H. G. Dill："INSULATED GATE FIELD EFFECT TRANSISTORS FABRICATED USING THE GATE AS SOURCE-DRAIN MASK", 16.6 International Electron Device Meeting, Washington（1966）

引 用 ・ 参 考 文 献　　*15*

4) 米国特許　R. W. Bower："FIELD-EFFECT DEVICE WITH INSULATED GATE", US 3472712 (1969)

5) ITRS 2009 Edition（JEITA 訳）79 頁, Figure 8b より抜粋

6) M. Bohr："The Evolution of Scaling from the Homogeneous Era to the Heterogeneous Era", Int. Electron Devices Meeting, 1.1.1 (2011)

7) INTERNATIONAL TECHNOLOGY ROADMAP FOR SEMICONDUCTORS, 2012 Edition-Updated, http://www.itrs2.net/itrs-reports.html

8) ITRS 2012 Update Overview, p. 6, Figure 2

9) R. Katsumata *et al.*："Pipe-shaped BiCS Flash Memory with 16 Stacked Layers and Multi-Level-Cell Operation for Ultra High Density Storage Devices", 2009 Symposium on VLSI Technology, pp. 136-137

10) INTERNATIONAL TECHNOLOGY ROADMAP FOR SEMICONDUCTORS 2.0, 2015 EDITION

固体電子論の基礎

　集積回路などの半導体デバイスは，さまざまな金属材料・半導体材料・絶縁体材料を組み合わせて作製されており，それらの内部での電子と正孔の集団運動を制御してさまざまな機能を実現している。このため，その動作原理を理解するためには，物質の中の電子の基本的な性質を理解しておくことが重要である。本章では量子力学の基本事項を振り返った後，固体結晶の中のシュレディンガー方程式の解について説明する。続いてエネルギーバンドの概念と，金属・絶縁体・半導体のエネルギーバンド構造の違いを説明する。

2.1　自由電子の波動関数

　20世紀初頭に誕生した量子力学は，科学の発展に多大の影響を及ぼし，電子の振る舞いを説明することにも大きな成功を収めた。量子力学によって明らかになった電子の性質に関する知見の中で，本書を読み進めるために必要な，いくつかの基本的な事柄について復習しておこう。

2.1.1　ド・ブロイの関係式

　光は粒子と波動の二重性を有しており，光量子の概念によると，フォトン（光子）のエネルギー E と光の振動数 ν の間につぎの関係がある。

$$E = h\nu \tag{2.1}$$

ここで，$h(=6.626\times10^{-34}\,\mathrm{J\cdot s})$ はプランク定数である。また，光の質量はゼロであって，運動量を p，光速を c，光の波長を λ とすると

$$E = pc = h\nu = h\frac{c}{\lambda} \tag{2.2}$$

2.1 自由電子の波動関数　　17

が成り立つ。

　一方，ド・ブロイは電子などの物質粒子に対し物質波の概念を導入し，その波長 λ と運動量 p を以下のように関係付けた。

$$\lambda = \frac{h}{mv} = \frac{h}{p} \tag{2.3}$$

ここで，m は物質粒子の質量であり，v はその速さである。この式はド・ブロイの関係式と呼ばれている。波数を k とすると

$$k = \frac{2\pi}{\lambda}$$

であり

$$\hbar = \frac{h}{2\pi}$$

を用いると，運動量と波数の間に

$$p = \frac{h}{\lambda} = \hbar k \tag{2.4}$$

という関係があることを導くことができる。

2.1.2　シュレディンガー方程式

　電子の波動関数を $\Psi(\boldsymbol{r}, t)$ とおく。時刻 t においてある電子の位置を測定した場合に，点 $\boldsymbol{r}$ を含む微小体積 $d\boldsymbol{r}$ 内に電子が見出される確率は

$$|\Psi(\boldsymbol{r}, t)|^2 d\boldsymbol{r} = \Psi^*(\boldsymbol{r}, t) \cdot \Psi(\boldsymbol{r}, t) d\boldsymbol{r} \tag{2.5}$$

に比例する。さらに，$\Psi(\boldsymbol{r}, t)$ を

$$\iiint |\Psi(\boldsymbol{r}, t)|^2 d\boldsymbol{r} = 1 \tag{2.6}$$

と規格化しよう。このとき $|\Psi(\boldsymbol{r}, t)|^2$ は，電子を空間の点 $\boldsymbol{r}$ に見出す絶対確率を与える。

　つぎに，一つの自由電子について考えてみる。自由電子は等速運動をしているので運動量 p は一定である。式 (2.3) によると波長 λ も一定であり，その波動関数は平面波である。等速運動の向きを x 方向とすると

18   2. 固体電子論の基礎

$$\Psi(x,t)=A \exp\left\{2\pi i\left(\frac{x}{\lambda}-\nu t\right)\right\}=A \exp i(kx-2\pi\nu t) \tag{2.7}$$

と書くことができる。この式に対して式 (2.1), (2.4) を適用すると

$$\Psi(x,t)=A \exp \frac{i}{\hbar}(px-Et) \tag{2.8}$$

となる。この式の両辺を t で微分して変形すると

$$i\hbar\frac{\partial}{\partial t}\Psi(x,t)=E\Psi(x,t) \tag{2.9}$$

が得られる。この式の左辺の $i\hbar\frac{\partial}{\partial t}$ をエネルギー演算子と呼ぶ。

　また，式 (2.8) の両辺を x で 2 回微分すると

$$-\frac{\hbar^2}{2m}\frac{\partial^2}{\partial x^2}\Psi(x,t)=\frac{p^2}{2m}\Psi(x,t)$$

となり，質量 m の電子の運動量 p と運動エネルギー E との間に以下の関係

$$E=\frac{p^2}{2m}=\frac{\hbar^2 k^2}{2m} \tag{2.10}$$

があるとすると

$$-\frac{\hbar^2}{2m}\frac{\partial^2}{\partial x^2}\Psi(x,t)=E\Psi(x,t) \tag{2.11}$$

を得ることができる。式 (2.9), (2.11) から

$$-\frac{\hbar^2}{2m}\frac{\partial^2}{\partial x^2}\Psi(x,t)=i\hbar\frac{\partial}{\partial t}\Psi(x,t) \tag{2.12}$$

を得る。この式は一次元の自由電子のシュレディンガー方程式 (Schrödinger equation) である。一般的には三次元に拡張してポテンシャルエネルギー $V(\boldsymbol{r},t)$ を加え，以下の式を得る。

$$\left\{-\frac{\hbar^2}{2m}\nabla^2+V(\boldsymbol{r},t)\right\}\Psi(\boldsymbol{r},t)=i\hbar\frac{\partial}{\partial t}\Psi(\boldsymbol{r},t) \tag{2.13}$$

この式は時間を含むシュレディンガー方程式と呼ばれている。ポテンシャルエネルギー $V(\boldsymbol{r},t)$ のもとで運動する質量 m の一つの電子の波動関数 $\Psi(\boldsymbol{r},t)$ は，式 (2.13) に従う。

　つぎに，定常状態であり，ポテンシャルエネルギーが時間に依存しないとき

を考える。波動関数 $\Psi(\boldsymbol{r},t)$ を位置だけの関数 $\phi(\boldsymbol{r})$ と時間の部分 $\exp(-iEt/\hbar)$ に分けて

$$\Psi(\boldsymbol{r},t) = \phi(\boldsymbol{r}) \exp\left(-i\frac{E}{\hbar}t\right) \tag{2.14}$$

とおくと,空間部分 $\phi(\boldsymbol{r})$ についてつぎの式が得られる。

$$\left\{-\frac{\hbar^2}{2m}\nabla^2 + V(\boldsymbol{r})\right\}\phi(\boldsymbol{r}) = E\phi(\boldsymbol{r}) \tag{2.15}$$

この式は時間に依存しないシュレディンガー方程式と呼ばれている。

2.1.3 井戸型ポテンシャルの中の1個の電子の状態

多くの電子デバイスは,半導体結晶や金属,絶縁体を加工することによって作製されており,デバイスを構成するこれらの固体材料の大きさは有限である。その中の電子の状態は実際には非常に複雑であるが,ここではまず有限の大きさの箱の中に閉じ込められた1個の電子の状態をシュレディンガー方程式を解くことによって考察しよう。

最初に簡単化のために,図 2.1 に示す一次元の井戸型ポテンシャルに閉じ込められた1個の電子について考えてみる。ポテンシャルエネルギー $V(x)$ を

$$V(x) = \infty \quad (x \leq 0, L \leq x) \tag{2.16a}$$

$$V(x) = 0 \quad (0 < x < L) \tag{2.16b}$$

とおく。この中の1個の電子の波動関数 $\phi(x)$ は一次元のシュレディンガー方

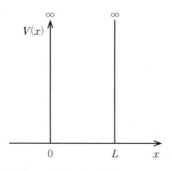

図 2.1　一次元の井戸型ポテンシャル

20　　2.　固体電子論の基礎

程式 (2.17) に従う。

$$\left\{-\frac{\hbar^2}{2m}\frac{d^2}{dx^2}+V(x)\right\}\phi(x)=E\phi(x) \tag{2.17}$$

$x\leq0,\ L\leq x$ において $V(x)-E>0$ であるから，この式はつぎのように変形できる。

$$\frac{d^2}{dx^2}\phi(x)=\kappa^2\phi(x),\qquad \kappa^2=\frac{2m}{\hbar^2}\{V(x)-E\} \tag{2.18}$$

この式を解いて波動関数は

$$\phi(x)=Ce^{-\kappa x}+De^{\kappa x} \tag{2.19}$$

と与えられる。式 (2.19) は

$$x\rightarrow+\infty\ \text{のとき}\ \ e^{\kappa x}\rightarrow\infty$$

$$x\rightarrow-\infty\ \text{のとき}\ \ e^{-\kappa x}\rightarrow\infty$$

となり発散する。これらを避けるために解を以下のようにおく。

$$\phi(x)=Ce^{-\kappa x}\qquad(L\leq x) \tag{2.20a}$$

$$\phi(x)=De^{\kappa x}\qquad(x\leq0) \tag{2.20b}$$

式 (2.16a) において $x\leq0,\ L\leq x$ では $V(x)=\infty$ としたので，式 (2.18) より $\kappa=\infty$ である。ゆえに，式 (2.20a)，(2.20b) より

$$x\leq0,\ L\leq x\ \text{において}\ \ \phi(x)\rightarrow0 \tag{2.21}$$

となる。

つぎに，ポテンシャルエネルギーの井戸の中 $(0<x<L)$ について考える。この領域では $V(x)=0$ であるから式 (2.17) は，前節の式 (2.12) と同じ一次元の自由電子のシュレディンガー方程式

$$-\frac{\hbar^2}{2m}\frac{d^2}{dx^2}\phi(x)=E\phi(x) \tag{2.22}$$

となる。この式は

$$\frac{d^2}{dx^2}\phi(x)=-k^2\phi(x),\qquad k^2=\frac{2mE}{\hbar^2} \tag{2.23}$$

と変形することができる。ここで，k は電子の波数であり，式 (2.11) の関係を用いた。式 (2.23) の一般解は

$$\phi(x) = A \sin kx + B \cos kx \tag{2.24}$$

の形を持つ。式 (2.21) より $\phi(0) = B = 0$ であるから

$$\phi(L) = A \sin kL = 0 \tag{2.25}$$

が得られる。この式を満足するためには

$$k = \frac{n\pi}{L} \qquad (n \text{ は正の整数}) \tag{2.26}$$

でなければならない。よって

$$\phi(x) = A \sin \frac{n\pi}{L} x \tag{2.27}$$

が得られる。今，電子1個がポテンシャル井戸に存在するときを考えているから，式 (2.6) の規格化条件を用いると

$$\int_{-\infty}^{\infty} |\phi(x)|^2 dx = \int_0^L A^2 \sin^2 \frac{n\pi}{L} x dx = 1 \tag{2.28}$$

である。これより $A = \sqrt{\dfrac{2}{L}}$ が求まり，固有関数は

$$\phi_n(x) = \sqrt{\frac{2}{L}} \sin \frac{n\pi}{L} x \tag{2.29}$$

と得られる。n を主量子数と呼び，$n = 1, 2, 3 \cdots$ である。$n = 0$ では $\phi(x) = 0$ であり，電子が存在しないことになってしまう。このため $n = 0$ は取り得ない。

エネルギー固有値は式 (2.10) と式 (2.26) より

$$E_n = \frac{\hbar^2 k^2}{2m} = \frac{\pi^2 \hbar^2}{2mL^2} n^2 \tag{2.30}$$

となる。エネルギー固有値が最も小さい $n = 1$ の状態を基底状態と呼ぶ。基底状態においても電子は

$$E_1 = \frac{\pi^2 \hbar^2}{2mL^2} \tag{2.31}$$

のエネルギーを持ち，これをゼロ点エネルギー（zero-point energy）と呼ぶ。ここでは井戸の中 $(0 < x < L)$ のポテンシャルエネルギー $V(x)$ を 0 としており，E_1 は電子の運動エネルギーを表している。**図 2.2** に一次元の井戸型ポテ

2. 固体電子論の基礎

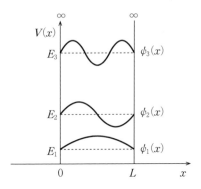

図 2.2 一次元の井戸型ポテンシャルの中の電子の状態

ンシャルの中の電子の状態を図示した。

以上では一次元のポテンシャル井戸の場合を考えてきたが，つぎに 1 辺の大きさが L の箱に閉じ込められた自由電子の状態について簡潔に触れておこう。三次元の場合の電子の波動関数 $\phi(x,y,z)$ は，以下のシュレディンガー方程式に従う。

$$\left\{-\frac{\hbar^2}{2m}\left(\frac{\partial^2}{\partial x^2}+\frac{\partial^2}{\partial y^2}+\frac{\partial^2}{\partial z^2}\right)+V(x,y,z)\right\}\phi(x,y,z)=E\phi(x,y,z) \quad (2.32)$$

x, y, z 方向に式 (2.16a), (2.16b) と同様のポテンシャルエネルギーの井戸が存在するとき，式 (2.32) は変数分離法を用いて解くことができ，次式の固有関数 $\phi(x,y,z)$ が得られる。

$$\phi(x,y,z)=\sqrt{\frac{8}{L^3}}\sin\left(\frac{n_x\pi}{L}x\right)\sin\left(\frac{n_y\pi}{L}y\right)\sin\left(\frac{n_z\pi}{L}z\right) \quad (2.33)$$

エネルギー固有値は

$$E(n_x,n_y,n_z)=\frac{\pi^2\hbar^2}{2mL^2}(n_x^2+n_y^2+n_z^2) \quad (n_x,n_y,n_z=1,2,3\cdots) \quad (2.34)$$

と与えられる。量子数 n_x, n_y, n_z が $(n_x,n_y,n_z)=(1,1,1)$ である基底状態のエネルギーは

2.1 自由電子の波動関数　　23

$$E(1,1,1) = \frac{3\pi^2\hbar^2}{2mL^2} \tag{2.35}$$

となる。また，$(n_x, n_y, n_z) = (2,1,1)$，$(1,2,1)$，$(1,1,2)$ のときは

$$E(2,1,1) = E(1,2,1) = E(1,1,2) = \frac{3\pi^2\hbar^2}{mL^2} \tag{2.36}$$

である。このように異なる状態が同一のエネルギー固有値を持つとき，エネルギー（または状態）が縮退しているという。上記の場合の縮重度は3であり，3重に縮退しているという。

2.1.4　箱の中の自由電子の状態密度

本項では，1辺の大きさが L の立方体に閉じ込められた自由電子が取り得る状態の数について考えよう。前項の式（2.34）に対して

$$k_x = \frac{n_x\pi}{L}, \qquad k_y = \frac{n_y\pi}{L}, \qquad k_z = \frac{n_z\pi}{L} \tag{2.37}$$

を代入すると

$$E(k_x, k_y, k) = \frac{\hbar^2}{2m}(k_x{}^2 + k_y{}^2 + k_z{}^2) = \frac{\hbar^2}{2m}|\boldsymbol{k}|^2 \tag{2.38}$$

$$|\boldsymbol{k}|^2 = k_x{}^2 + k_y{}^2 + k_z{}^2 \tag{2.39}$$

となる。すなわち k_x, k_y, k_z は電子の波数 $\boldsymbol{k}$ の x，y，z 成分である。

k_x, k_y, k_z を座標軸とする波数空間（$\boldsymbol{k}$ 空間）を考える。1辺の大きさが L の箱に閉じ込められた自由電子の $\boldsymbol{k}$ 空間における等エネルギー面は，式（2.38），（2.39）より球面となる。その半径は

$$|\boldsymbol{k}| = k = \frac{\sqrt{2mE}}{\hbar} \tag{2.40}$$

である。

この球面の内部の状態数 $N(E)$ を計算する。まず $n_x, n_y, n_z = 1, 2, 3 \cdots$ であるので，k_x, k_y, k_z はすべて正の値である。ゆえに球の $1/8$ を考えればよい。一つの k 点 $(k_x, k_y, k_z) = (n_x\pi/L, n_y\pi/L, n_z\pi/L)$ の体積要素は $(\pi/L)^3$ である。よって

24　　2. 固体電子論の基礎

$$N(E) = 2 \times \frac{(4/3)\pi k^3}{(\pi/L)^3} \times \frac{1}{8} \times \frac{1}{L^3} = \frac{1}{3\pi^2}\left(\frac{2m}{\hbar^2}\right)^{\frac{3}{2}} E^{\frac{3}{2}} \tag{2.41}$$

を得る。上式では単位体積当りの状態数を考えるために $1/L^3$ を掛けた。また
スピンの自由度 2 を考慮している。単位エネルギー当りの電子の状態数，すな
わち状態密度は

$$D(E) = \frac{d}{dE}N(E) = \frac{1}{2\pi^2}\left(\frac{2m}{\hbar^2}\right)^{\frac{3}{2}} E^{\frac{1}{2}} \tag{2.42}$$

で与えられる。

2.2　シリコンの結晶構造

　結晶は，単位構造（basis）と呼ばれる原子団が規則正しく並んだ周期構造
を有している。結晶を幾何学的に考察するためには，単位構造である原子団を
一つの格子点で表し，格子点が配列した結晶格子を扱うと便利である。三次元
の結晶格子は，7 種類の型の単位胞（unit cell）に基づいて分類することがで
き，**表**2.1 に示す七つの結晶系に分けられる。これらの結晶系には，格子点の
位置に応じて単純格子，体心格子，面心格子，底心格子があり，合わせて 14
種類のブラベー格子（Bravais lattice）が存在する。七つの結晶系では，単純格
子のみが単位胞当り 1 個の格子点を持ち，それ以外は 2 個以上の格子点を持つ。
　シリコン結晶はダイヤモンド構造を形成しており，この構造は面心立方格子

表2.1　三次元結晶格子の七つの結晶系

結晶系	ブラベー格子
三斜晶系	単純格子
単斜晶系	単純格子，底心格子
斜方晶系	単純格子，体心格子，面心格子，底心格子
正方晶系	単純格子，体心格子
立方晶系	単純格子，体心格子，面心格子
菱面体晶系	単純格子
六方晶系	単純格子

に属している。各シリコン原子は4個の最近接原子に囲まれており，**図2.3**(a)に示すように4個の原子を頂点にとると正4面体となる。図(b)に示す面心立方格子の単位胞において四つの正4面体を見出すことができる。図(b)の単位胞は8個の原子を含んでいる。

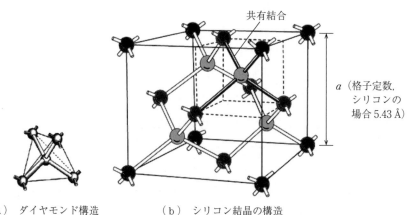

(a) ダイヤモンド構造　　(b) シリコン結晶の構造

図2.3 シリコン結晶

　三次元の結晶格子は三つの基本並進ベクトル（transition vector）によって他の格子点に重ね合わすことができる。このような性質を並進対称性があるという。ある一つの格子点 r_0 を起点にとると，すべての格子点 r は

$$r = r_0 + u_1 a_1 + u_2 a_2 + u_3 a_3 \tag{2.43}$$

によって表すことができる。ここで a_1, a_2, a_3 は基本並進ベクトルであり，u_1, u_2, u_3 は任意の整数である。基本並進ベクトル a_1, a_2, a_3 は互いに独立である。三つの基本並進ベクトル a_1, a_2, a_3 によってできる平行6面体のことを基本単位胞（primitive cell）といい，その体積は $a_1 \cdot (a_2 \times a_3)$ で与えられる。基本単位胞には1個の格子点がある。その選び方は一義的ではないが，通常，最も対称性が高くなるように選ぶ。基本単位胞は単位胞の一種であり，体積が最小の単位胞である。シリコン結晶の基本単位胞は，格子定数を a とすると $(0,0,0)$ と $(a/4, a/4, a/4)$ に配置された2個の原子で構成される。基本並進ベクトルを基本格子ベクトルとも呼ぶ。

26   2. 固体電子論の基礎

2.3 逆 格 子

2.2節で述べたように，基本並進ベクトル（基本格子ベクトル）a_1, a_2, a_3 からなるつぎの並進操作 R

$$R = u_1 a_1 + u_2 a_2 + u_3 a_3 \tag{2.44}$$

を結晶格子の格子点に対して行うとき，格子点の配列は不変であり他の格子点に重ね合わすことができる。このとき，電子密度や静電ポテンシャルのような結晶の中で局所的に定まる物理量もまた並進操作 R に対して不変である。それゆえ電子密度を $n(r)$ とすると，$n(r)$ は周期関数であり

$$n(r) = n(r+R) \tag{2.45}$$

を満たす。

今，理解を容易にするために一次元の結晶を考え，電子密度が式 (2.46) のように x 方向に周期 a を持つ関数 $n(x)$ で表されるとする。

$$n(x) = n(x+a) \tag{2.46}$$

このような周期性はフーリエ解析の対象となる。そこで $n(x)$ をフーリエ級数に展開すると

$$n(x) = \sum_{s=-\infty}^{\infty} n_s \exp\left(i \frac{2\pi s}{a} x\right) \tag{2.47}$$

と表すことができる。ここで s は整数である。またフーリエ係数 n_s は

$$n_s = \frac{1}{a} \int_{-a/2}^{a/2} n(x) \exp\left(-i \frac{2\pi s}{a} x\right) dx \tag{2.48}$$

で与えられる。式 (2.47) より，周期 a を持つ結晶格子の電子密度 $n(x)$ は，$2\pi s/a$ の波数を持つ成分に展開されることがわかる。結晶格子のフーリエ空間を逆格子空間と呼び，$2\pi s/a$ の各点は逆格子点（reciprocal lattice point）を与える。

三次元結晶においては逆格子空間における逆格子点を逆格子ベクトルを用いて表す。逆格子ベクトルを G とおくと，G は基本逆格子ベクトル b_1, b_2, b_3 を用いて

2.3 逆 格 子　27

$$G = v_1 b_1 + v_2 b_2 + v_3 b_3 \tag{2.49}$$

と表される。ここで v_1, v_2, v_3 は任意の整数である。基本逆格子ベクトルは基本格子ベクトルを用いて，つぎのように作られる。

$$b_1 = 2\pi \frac{a_2 \times a_3}{a_1 \cdot (a_2 \times a_3)} \tag{2.50a}$$

$$b_2 = 2\pi \frac{a_3 \times a_1}{a_1 \cdot (a_2 \times a_3)} \tag{2.50b}$$

$$b_3 = 2\pi \frac{a_1 \times a_2}{a_1 \cdot (a_2 \times a_3)} \tag{2.50c}$$

この定義に従うと

$$b_1 \cdot a_1 = 2\pi, \qquad b_1 \cdot a_2 = 0, \qquad b_1 \cdot a_3 = 0$$

である。b_2, b_3 についても同様なので

$$b_i \cdot a_j = 2\pi \delta_{ij} \qquad (i = j \text{ ならば } \delta_{ij} = 1, \ i \neq j \text{ ならば } \delta_{ij} = 0) \tag{2.51}$$

と整理できる。それゆえ

$$\begin{aligned} G \cdot R &= (v_1 b_1 + v_2 b_2 + v_3 b_3) \cdot (u_1 a_1 + u_2 a_2 + u_3 a_3) \\ &= 2\pi (v_1 u_1 + v_2 u_2 + v_3 u_3) \\ &= 2\pi \times \text{整数} \end{aligned} \tag{2.52}$$

であり

$$\exp(iG \cdot R) = 1 \tag{2.53}$$

が成立する。逆格子ベクトル G と並進操作 R の間には式 (2.53) の関係がある。

周期関数である電子密度 $n(r)$ は，次式のように逆格子ベクトル G を用いてフーリエ級数に展開することができる。

$$n(r) = \sum_G n_G \exp(iG \cdot r) \tag{2.54}$$

$\exp(iG \cdot R) = 1$ を用いると

$$\begin{aligned} n(r) &= \sum_G n_G \exp(iG \cdot r) \cdot \exp(iG \cdot R) \\ &= \sum_G n_G \exp\{iG \cdot (r + R)\} = n(r + R) \end{aligned} \tag{2.55}$$

となり，式 (2.45) が導かれる。すなわち，式 (2.53) の関係が並進対称性を保証している。

2.4　結晶の中の電子の波動関数

結晶中の個々の原子は，原子核の陽子の正電荷によってその周囲にポテンシャル（電位）を形成しており，個々の原子のポテンシャルが重なり合うことによって周期的なポテンシャルが作られている．結晶の中の電子のポテンシャルエネルギー $V(r)$ は，この周期的なクーロンポテンシャルと価電子によるクーロンポテンシャルの影響を受けており，結晶と同じ並進対称性を持つ周期関数となっている．それゆえ，次式のようにフーリエ級数に展開でき

$$V(r) = \sum_G V_G \exp(i\bm{G}\cdot\bm{r}) \tag{2.56}$$

と書くことができる．また並進操作 $\bm{R}$ に対して

$$V(r) = V(r+\bm{R}) \tag{2.57}$$

が成り立つ．上式の $\bm{G}$ は逆格子ベクトルであり，やはり式 (2.53) が成り立つ．

再び理解を容易にするために，図 2.4 に示すような，原子が x 方向に格子間隔 a で規則的に並んでいる一次元の結晶格子を考えよう．一次元結晶の中の電子のポテンシャルエネルギーは，次式のように周期 a を持つ関数 $V(x)$ で表される．

$$V(x) = V(x+a) \tag{2.58}$$

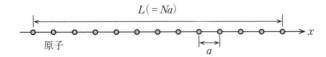

図 2.4　原子が x 方向に格子間隔 a で規則的に並んでいる一次元の結晶格子

このとき，$V(x)$ は，式 (2.56) を一次元に適用して

$$V(x) = \sum_j V_j \exp(iG_j x) \tag{2.59}$$

と展開できる．ここで逆格子 G_j は

$$G_j = \frac{2\pi}{a} j \quad (j\text{ は整数}) \tag{2.60}$$

と表すことができる。

つぎに，結晶の大きさを L（$=Na$）とする。この結晶中の電子の波動関数を $\phi(x)$ とし，$\phi(x)$ に対し周期的境界条件

$$\phi(x) = \phi(x+L) \tag{2.61}$$

を適用することにする。$\phi(x)$ を自由電子の平面波でフーリエ級数展開すると次式を得る。

$$\phi(x) = \sum_k A_k \exp(ikx) \tag{2.62}$$

ここで，k は周期的境界条件からの要請により

$$k = \frac{2\pi}{Na} n = \frac{2\pi}{L} n \qquad （n は整数） \tag{2.63}$$

を満たさなければならない。式（2.63）の値を持つ k は

$$
\begin{aligned}
\exp(ikx) &= \exp\left\{ i\left(\frac{2\pi}{L}n\right)x \right\} \\
&= \exp\left\{ i\left(\frac{2\pi}{L}n\right)x \right\} \exp(i2\pi n) \\
&= \exp\left\{ i\left(\frac{2\pi}{L}n\right)(x+L) \right\} \\
&= \exp\{ik(x+L)\}
\end{aligned}
$$

と変形できるため，式（2.61）の周期的境界条件を満足するからである。

一次元のシュレディンガー方程式

$$\left\{ -\frac{\hbar^2}{2m}\frac{d^2}{dx^2} + V(x) \right\}\phi(x) = E\phi(x) \tag{2.64}$$

に式（2.59），（2.62）を代入すると次式を得る。

$$\left\{ -\frac{\hbar^2}{2m}\frac{d^2}{dx^2} + \sum_j V_j \exp(iG_j x) \right\}\sum_k A_k \exp(ikx) = E\sum_k A_k \exp(ikx) \tag{2.65}$$

上式の微分を実行して，さらに $k' = k + G_j$（$k = k' - G_j$）とおくと

$$\sum_k \frac{\hbar^2 k^2}{2m} A_k \exp(ikx) + \sum_{k'}\sum_j V_j A_{k'-G_j} \exp(ik'x) = E\sum_k A_k \exp(ikx) \tag{2.66}$$

30   2. 固体電子論の基礎

となる。式 (2.66) において $\sum_k$ と $\sum_{k'}$ は k の級数であり，$\exp(ikx) = \exp(ik'x)$ となる項でまとめると

$$\sum_k \exp{(ikx)}\left\{\left(\frac{\hbar^2 k^2}{2m} - E\right)A_k + \sum_j V_j A_{k-G_j}\right\} = 0 \tag{2.67}$$

と整理できる。この式が x のいかなる値に対しても成り立つためには { } 内が 0 でなくてはならない。よって

$$\left(\frac{\hbar^2 k^2}{2m} - E\right)A_k + \sum_j V_j A_{k-G_j} = 0 \tag{2.68}$$

が成り立たなくてはならない。この式は，基本方程式と呼ばれており，結晶中の電子の状態に対し条件を与える。すなわち，A_k が逆格子の大きさ G_j だけ異なる成分 A_{k-G_j} とだけ関係することを要求している。言い換えると，周期的ポテンシャルの中の電子の波動関数が，逆格子 G_j だけ異なる波数を持つ平面波の重ね合わせであることを示している。

波数 k に対応した波動関数 $\psi_k(x)$ は，式 (2.62) と上記の要請から

$$\psi_k(x) = \sum_j A_{k-G_j} \exp{\{i(k-G_j)x\}} \tag{2.69}$$

と書くことができる。この式をつぎのように書き換える。

$$\psi_k(x) = u_k(x) \exp{(ikx)} \tag{2.70}$$

ここで

$$u_k(x) = \sum_j A_{k-G_j} \exp{(-iG_j x)} \tag{2.71}$$

とおいた。$u_k(x)$ は

$$\begin{aligned}
u_k(x+a) &= \sum_j A_{k-G_j} \exp{\{-iG_j(x+a)\}} \\
&= \sum_j A_{k-G_j} \exp{(-iG_j x)} \exp{(-iG_j a)} = u_k(x) \tag{2.72}
\end{aligned}$$

の関係を持つことから，格子間隔 a を周期とする周期関数となっている。

すなわち，周期的ポテンシャルの中の電子の波動関数は式 (2.70) の形を持ち，結晶ポテンシャルと同じ周期を持つ関数 $u_k(x)$ が平面波 $\exp{(ikx)}$ を変調した形式となっている。この形の 1 電子波動関数はブロッホ関数と呼ばれ，周期的ポテンシャルに対するシュレディンガー方程式の解はブロッホ関数とな

る。この定理はブロッホの定理と呼ばれている。

さて，式 (2.70) において，k に代わって $k+G_i$ の場合を考えてみる。

$$\psi_{k+G_i}(x) = u_{k+G_i}(x) \exp\{i(k+G_i)\,x\}$$
$$= \sum_j A_{k+G_i-G_j} \exp\{i(k+G_i-G_j)\,x\} \tag{2.73}$$

ここで，$G_j' = G_j - G_i$ とおくと

$$\psi_{k+G_i}(x) = \sum_{j'} A_{k-G_{j'}} \exp\{i(k-G_{j'})\,x\}$$
$$= \sum_{j'} A_{k-G_{j'}} \exp(-iG_{j'}x) \exp(ikx)$$
$$= u_k(x) \exp(ikx)$$
$$= \psi_k(x) \tag{2.74}$$

という関係を導くことができる。これより，結晶中の波数 k の電子の波動関数 $\psi_k(x)$ は，逆格子 G_i だけ異なる波数 $k+G_i$ の電子の波動関数 $\psi_{k+G_i}(x)$ と同じであることがわかる。それゆえ，エネルギー固有値についても

$$E(k) = E(k+G_i) \tag{2.75}$$

が成り立つ。

2.5 エネルギーバンド

2.4 節までにおいて，周期的ポテンシャルの中の電子の状態について説明してきた。本節では，空格子近似を用いてエネルギーバンドの概念の一端を説明する。

周期的ポテンシャルが無視できるほど小さい結晶格子を空格子と呼ぶ。ここでは一次元空格子の場合を考える。空格子近似では，空格子における電子を自由電子として取り扱う。波数 k を持つ自由電子のエネルギーは 2.1.2 項で記したように

$$E(k) = \frac{\hbar^2 k^2}{2m} \tag{2.10}$$

で与えられる。式 (2.75) を用いると

$$E(k) = E(k+G_i)$$
$$= \frac{\hbar^2}{2m}(k+G_i)^2 = \frac{\hbar^2}{2m}\left(k+\frac{2\pi}{a}i\right)^2 \quad (i \text{ は整数}) \quad (2.76)$$

と表すことができる。ここで，a を一次元空格子の格子定数とし，式 (2.60) を用いた。この式に基づいて縦軸に $E(k)$，横軸に k をとってその関係を図示すると，**図 2.5** のようになる。式 (2.76) によると，逆格子 $G_i(=2\pi i/a)$ だけ異なる波数の電子は同じエネルギーを持っている。このことは，式 (2.74) において説明したように，波数 k の電子の波動関数 $\psi_k(x)$ が，逆格子 G_i だけ異なる $k+G_i$ の電子の波動関数 $\psi_{k+G_i}(x)$ と同じであることからきている。式 (2.76) と図 2.5 からわかるように，ブロッホ状態にある電子においては $2\pi/a$ の周期で同じ $E(k)$-k 関係（分散関係）が現れる。このため

$$-\frac{\pi}{a} \leq k \leq \frac{\pi}{a} \quad (2.77)$$

の 1 周期のみを考えることですべての状態を考えることができる。この範囲を第 1 ブリユアンゾーン（Brillouin zone）と呼ぶ。また，$-2\pi/a$ から $-\pi/a$ および π/a から $2\pi/a$ の範囲を第 2 ブリユアンゾーン，同様にそのつぎの範囲を第 3 ブリユアンゾーンと呼ぶ。

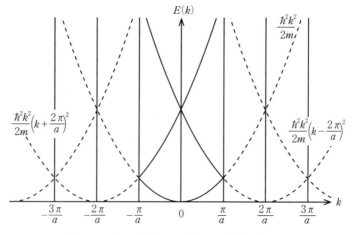

図 2.5　一次元空格子の $E(k)$-k 関係（分散関係）

2.5 エネルギーバンド　　*33*

　つぎに，一次元空格子の第1ブリユアンゾーンの境界 $(k=\pi/a)$ に注目して
みる。波数 k が π/a であり逆格子 G_i が $-2\pi/a$ の場合，$k(=\pi/a)$ の電子の
エネルギー $E(k)$ と $k+G_i(=-\pi/a)$ の電子のエネルギー $E(k+G_i)$ は等しく，
$E(k)=E(k+G_i)=(\hbar^2k^2)/2m$ である。それぞれの波数の自由電子の波動関数
（平面波）は

$$\psi_k(x) \propto \exp\left(i\frac{\pi}{a}x\right) \tag{2.78}$$

$$\psi_{k+G_i}(x) \propto \exp\left(-i\frac{\pi}{a}x\right) \tag{2.79}$$

で表される。これらのゾーン境界における平面波は，つぎのブラッグの回折条
件を満たしている。

$$2\boldsymbol{k}\cdot\boldsymbol{G}=G^2 \qquad \text{（三次元の場合）} \tag{2.80}$$

$$k=\pm\frac{1}{2}G \qquad \text{（一次元の場合）} \tag{2.81}$$

　ブラッグの回折条件を満たす波は，ブラッグ反射によって反対方向に進行す
る。格子によって，つぎつぎとブラッグ反射を受けるたびに波の進行方向は逆
向きとなる。その結果，定在波が形成される。式 (2.78) と式 (2.79) の二つ
の平面波から，つぎの二つの異なる定在波をつくることができ，これらがゾー
ン境界における1電子波動関数を与える。

$$\psi_+(x) \propto \exp\left(i\frac{\pi}{a}x\right) + \exp\left(-i\frac{\pi}{a}x\right) = 2\cos\left(\frac{\pi}{a}x\right) \tag{2.82}$$

$$\psi_-(x) \propto \exp\left(i\frac{\pi}{a}x\right) - \exp\left(-i\frac{\pi}{a}x\right) = 2i\sin\left(\frac{\pi}{a}x\right) \tag{2.83}$$

位置座標 x における電子の存在確率は

$$|\psi_+(x)|^2=\psi_+{}^*(x)\,\psi_+(x) \propto \cos^2\left(\frac{\pi}{a}x\right) \tag{2.84}$$

$$|\psi_-(x)|^2=\psi_-{}^*(x)\,\psi_-(x) \propto \sin^2\left(\frac{\pi}{a}x\right) \tag{2.85}$$

で与えられる。電子の存在確率を式 (2.84)，(2.85) に従って図示すると，**図
2.6** のようになる。$\psi_+(x)$ は，正電荷を持つ原子核の近傍に電子が分布するこ

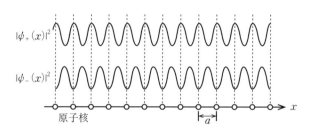

図2.6 二つの異なる定在波における電子の存在確率

とから，自由電子に比べてエネルギーが下がった状態となっている。$\psi_-(x)$ は，原子核から離れたところで電子の存在確率が高く，分布に偏りがあるため，自由電子に比べてエネルギーが高い状態となっている。これらのことから，**図2.7**（a）に示すように，ゾーン境界においてバンドギャップが発生する。

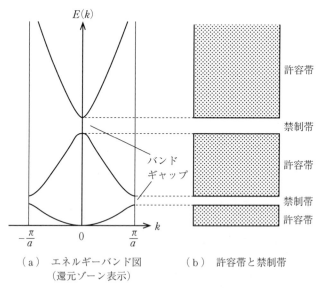

（a）エネルギーバンド図　　（b）許容帯と禁制帯
（還元ゾーン表示）

図2.7 エネルギーバンドとバンドギャップ

前述したように分散関係は，第1ブリユアンゾーンを考えることですべての状態を表すことができるため，図（a）では第1ブリユアンゾーンのみを描いている。この表現形式を還元ゾーン表示という。$E(k)-k$ 曲線の上に電子の

取り得る状態があり，対応する電子が取り得るエネルギー準位を図（b）に描いた。電子のエネルギー準位はバンドギャップを除いて密に連続して分布しており，エネルギーバンドを形成している。この領域のエネルギー準位には電子が入ることができるという意味で，このエネルギー領域を許容帯という。電子が存在し得ないエネルギー領域は禁制帯と呼ばれる。

2.6 金属，絶縁体，半導体のエネルギーバンド

本節でもまず，1種類の原子が x 方向に格子間隔 a で規則的に並んでいる大きさ L（$=Na$）の一次元結晶について考える。この結晶の単位胞は1個の原子を含んでおり，結晶の中には N 個の単位胞があるとする。これに周期的境界条件を適用したとき，前述したように結晶の中の電子の波数 k は

$$k = \frac{2\pi}{Na} n = \frac{2\pi}{L} n \qquad (n \text{ は整数}) \tag{2.63}$$

を満たし，$2\pi/L$ の間隔で離散的な値をとる。第1ブリユアンゾーンの範囲は

$$-\frac{\pi}{a} \leq k \leq \frac{\pi}{a} \tag{2.77}$$

であり，その幅は $2\pi/a$ であるから，第1ブリユアンゾーンの一つのエネルギーバンドには

$$n = \frac{2\pi/a}{2\pi/L} = \frac{2\pi/a}{2\pi/(Na)} = N \tag{2.86}$$

の数の電子の波数状態が存在する。各波数状態には上向きと下向きの二つのスピン状態があるため，結局，エネルギーバンドには $2N$ 個の電子状態が存在している。三次元結晶の場合も同様の議論が適用でき，結晶の中の単位胞の数を N とすると，エネルギーバンドには $2N$ 個の電子状態が存在する。

単位胞が1価の原子を1個含み，それぞれの単位胞が1個の価電子を供給する場合について考えてみる。結晶の中の N 個の単位胞が供給する合計 N 個の価電子は，対応するエネルギーバンドの中の $2N$ 個の電子状態を，パウリの原理に従ってエネルギーが低い状態から占有していく。そのため**図 2.8** のよう

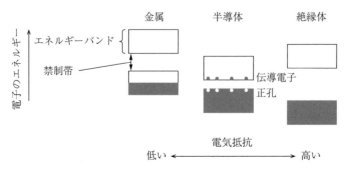

図2.8 金属，絶縁体，半導体のエネルギーバンド構造

に，N個の状態は電子によって占有され，残りのN個は空の状態となる。この結晶は金属となる。このような結晶に対し外部から電場を加えると，電子はすぐ上の空の状態に容易に遷移し，電場によって力を受け移動することができる。このため電気抵抗が低い。

つぎに，単位胞が偶数個の価電子を供給し，エネルギーバンドに重なりがない場合を考えてみる。単位胞が2価の原子を1個含む場合や1価の原子を2個含む場合は，このケースに相当する。このような結晶では，0Kにおいて価電子帯の状態が価電子によってすべて占有され，すぐ上のエネルギーバンドである伝導帯が空となる。価電子帯と伝導帯の間のバンドギャップが大きい場合，室温では価電子帯から伝導帯へ電子が遷移する確率がきわめて小さい。この構造において外部から電場を加えたとき，価電子帯の状態が電子ですべて埋まっているため電子は空間を移動できない。このため電気抵抗が高く，この結晶は絶縁体となる。一方，エネルギーバンドに重なりがある場合には，バンドが部分的に電子によって満たされ，部分的に空の状態となる。この結晶は金属となる。

真性半導体のエネルギーバンド構造は絶縁体と類似であり，0Kにおいて価電子帯が価電子によって満たされ，すぐ上のエネルギーバンドである伝導帯は空である。しかし価電子帯と伝導帯の間のバンドギャップが比較的小さく，図2.8に示すように室温で価電子帯の電子の一部が伝導帯へ熱的に励起される。伝導帯に励起された電子を伝導電子と呼ぶ。価電子帯には価電子を失った空の

状態が形成される。この電子によって占有されていない状態は，電場や磁場中で正電荷と正の有効質量を持った粒子のように振る舞い，正孔（hole）と呼ばれる。

演 習 問 題

【2.1】 図2.3（b）のシリコン結晶の単位胞は何個の原子を含んでいるか求めなさい。

【2.2】 図2.3（b）に示すようにシリコンの格子定数をaは0.543 nm（5.43 Å）である。1 cm^{3}当りのシリコン原子数はいくつか求めなさい。

【2.3】 格子定数がaの単純立方格子の基本並進ベクトルを

$$\boldsymbol{a}_1 = a\boldsymbol{x}, \qquad \boldsymbol{a}_2 = a\boldsymbol{y}, \qquad \boldsymbol{a}_3 = a\boldsymbol{z}$$

ととることができる。ここで$\boldsymbol{x}, \boldsymbol{y}, \boldsymbol{z}$は互いに直交する単位ベクトルである。逆格子ベクトルを求めなさい。

【2.4】 格子定数がaの面心立方格子の基本格子ベクトルを

$$\boldsymbol{a}_1 = \left(0, \frac{a}{2}, \frac{a}{2}\right), \qquad \boldsymbol{a}_2 = \left(\frac{a}{2}, 0, \frac{a}{2}\right), \qquad \boldsymbol{a}_3 = \left(\frac{a}{2}, \frac{a}{2}, 0\right)$$

ととることができる。逆格子ベクトルを求めなさい。

引用・参考文献

1) Charles Kittel 著，宇野良清，新関駒二郎，山下次郎，津屋昇 共訳："キッテル固体物理学入門 第8版〈上〉"，丸善（2005）

2) 奥村次徳 著，電子情報通信学会 編："電子物性工学（電子情報通信レクチャーシリーズ）"，コロナ社（2013）

3) 永田一清："物性物理学（裳華房テキストシリーズ-物理学）"，裳華房（2009）

4) 太田英二，坂田亮："半導体の電子物性工学（新教科書シリーズ）"，裳華房（2005）

5) 御子柴宣夫："半導体の物理（半導体工学シリーズ）"，培風館（1991）

半導体中のキャリヤ

集積回路の動作を理解し制御するためには，半導体結晶中の伝導電子と正孔の密度がどのように決まっているかを知っておく必要がある。本章では，伝導電子密度と正孔密度が状態密度とフェルミ・ディラックの分布関数によって決定されることおよび，不純物半導体中のキャリヤ密度とフェルミ準位の関係について説明する。つぎにキャリヤのドリフトおよび拡散と電流の関係について把握する。また，電子の有効質量と正孔についてエネルギーバンドと関連付けて説明する。

3.1 真性半導体

不純物原子が少なく，その影響が無視できて半導体固有の性質を示す半導体を真性半導体（intrinsic semiconductor）と呼ぶ。ここではシリコンについて考えてみる。シリコンは原子番号が14であり周期表の第14族に属している。シリコン原子の電子配置は

$$(1s)^2(2s)^2(2p)^6(3s)^2(3p)^2$$

である。2.2節で触れたようにシリコン結晶は，ダイヤモンド構造をとっている。3s軌道と3p軌道の4個の電子がsp^3混成軌道をつくり，正四面体の中央に位置するシリコン原子が角に位置する四つのシリコン原子と共有結合によって結び付いている。図3.1（a）は，この構造を二次元的に表したモデルである。図（b）はシリコンのエネルギーバンド模式図であり，E_cは伝導帯の下端のエネルギー，E_Vは価電子帯の上端のエネルギー，E_iは真性半導体のフェルミ準位を表している。シリコンの禁制帯幅は室温で1.12 eVである。この値

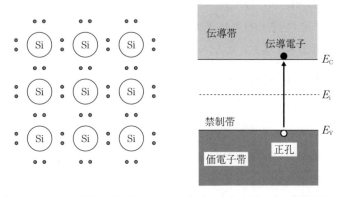

（a）シリコン結晶の二次元モデル　（b）エネルギーバンド模式図

図3.1 シリコン結晶の二次元モデルとエネルギーバンド模式図

を熱平衡状態にある伝導電子の熱エネルギーと比べてみよう。k_Bをボルツマン定数，Tを絶対温度とすると，伝導電子の1個当りの熱エネルギーは$(3/2)k_B T$であり，室温（300 K）では0.039 eVと得られる。禁制帯幅はこの値に比べて大きく，室温で価電子が禁制帯を超えて伝導帯へ励起する確率はきわめて小さい。このため，不純物原子を含まないシリコン結晶の室温での伝導電子密度は10^{10} cm^{-3}程度であり，金属の伝導電子密度（10^{22}～10^{23} cm^{-3}）と比較すると非常に低く，電気抵抗は高い。

一方，地表に到達する太陽光には2～3 eVのエネルギーを持つフォトンが多く含まれている。このエネルギーはシリコンの禁制帯幅を超えるため，太陽光がシリコンに入射するとフォトンによって価電子が伝導帯に励起され，電子正孔対が生成する。この現象が太陽光発電に応用されている。またこの現象によって伝導電子が増すとシリコンの導電率が上がる。

3.2　真性半導体の伝導電子密度と正孔密度

真性半導体の価電子帯にある電子が熱エネルギーによって伝導帯に励起され，伝導電子と正孔が生成した場合について考えてみる。この系が平衡状態に

40 　3.　半導体中のキャリヤ

あるとき，$E \sim E + dE$ の間のエネルギーを持つ伝導電子の密度 $n dE$ は，伝導帯の状態密度 $D_C(E) dE$ と電子が各状態に存在する確率（占有確率分布）$f(E)$ の積によって与えられる。それゆえ，伝導帯に存在する電子の密度 n は

$$n = \int_{E_C}^{E_{CT}} D_C(E) f(E) dE \tag{3.1}$$

によって与えられる。ここで E_C は伝導帯の下端のエネルギー，E_{CT} は伝導帯の上端のエネルギーを表している。

同様に，価電子帯の正孔密度 p は，価電子帯の状態密度 $D_V(E)$ と正孔が各状態に存在する確率によって与えられる。正孔は電子で占められていない状態であり，電子が存在しない確率は $1 - f(E)$ である。それゆえ

$$p = \int_{E_{VB}}^{E_V} D_V(E) \{1 - f(E)\} dE \tag{3.2}$$

である。ここで E_V は価電子帯の上端のエネルギー，E_{VB} は価電子帯の下端のエネルギーを表している。

エネルギー E における電子の占有確率 $f(E)$ は，つぎのフェルミ・ディラックの分布関数によって与えられる。

$$f(E) = \frac{1}{1 + \exp\left(\dfrac{E - E_F}{k_B T}\right)} \tag{3.3}$$

化学ポテンシャルを半導体物理ではフェルミ準位と呼び，上式では E_F とした。E_F が禁制帯の中にあり温度が高くないとき，伝導帯の電子については $E - E_F \gg k_B T$ としてよい。このとき $f(E)$ は，ボルツマン分布

$$f(E) \cong \exp\left(-\frac{E - E_F}{k_B T}\right) \tag{3.4}$$

で近似される。

正孔については，$E_F - E \gg k_B T$ が成り立つとき

$$1 - f(E) = 1 - \frac{1}{1 + \exp\left(\dfrac{E - E_F}{k_B T}\right)} = \frac{1}{1 + \exp\left(\dfrac{E_F - E}{k_B T}\right)}$$

$$\cong \exp\left(\frac{E - E_F}{k_B T}\right) \tag{3.5}$$

となる。

　許容帯のエネルギー幅は数 eV と広く，これに比べて室温（300 K）における電子の1個当りの熱エネルギーは小さい。それゆえ，伝導電子が存在するのは伝導帯の下端 E_C の近傍のみである。そこでの伝導電子のエネルギーは

$$E(k) = E_C + \frac{\hbar^2 k^2}{2 m_{de}} \tag{3.6}$$

と表される。ここで m_{de} は伝導帯下端における電子の状態密度有効質量である。立方体に閉じ込められた自由電子の状態密度の式（2.42）と式（3.6）を用いると，伝導帯下端の状態密度は

$$D_C(E) = \frac{1}{2\pi^2} \left(\frac{2 m_{de}}{\hbar^2} \right)^{\frac{3}{2}} (E - E_C)^{\frac{1}{2}} \tag{3.7}$$

と与えられる。

　式（3.1），（3.4），（3.7）を用いると伝導電子密度 n は

$$
\begin{aligned}
n &= \int_{E_C}^{\infty} \frac{1}{2\pi^2} \left(\frac{2 m_{de}}{\hbar^2} \right)^{\frac{3}{2}} (E - E_C)^{\frac{1}{2}} \exp\left(-\frac{E - E_F}{k_B T} \right) dE \\
&= \frac{1}{2\pi^2} \left(\frac{2 m_{de}}{\hbar^2} \right)^{\frac{3}{2}} \exp\left(-\frac{E_C - E_F}{k_B T} \right) \int_{0}^{\infty} (E - E_C)^{\frac{1}{2}} \exp\left(-\frac{E - E_C}{k_B T} \right) d(E - E_C) \\
&= N_C \exp\left(-\frac{E_C - E_F}{k_B T} \right)
\end{aligned}
\tag{3.8}
$$

となる。ここで

$$N_C = 2 \left(\frac{m_{de} k_B T}{2\pi \hbar^2} \right)^{\frac{3}{2}} \tag{3.9}$$

であり，N_C を有効状態密度と呼ぶ。式（3.8）の計算において積分範囲を E_{CT} から ∞ に置き換えたが，伝導電子が存在するのは伝導帯の下端 E_C の近傍のみであるから，この置き替えを行っても差し支えがない。式（3.8）は，伝導電子密度 n とフェルミ準位 E_F を関係付けている。

　同様に，価電子帯の正孔密度 p は

$$
\begin{aligned}
p &= \int_{-\infty}^{E_V} \frac{1}{2\pi^2} \left(\frac{2 m_{dh}}{\hbar^2} \right)^{\frac{3}{2}} (E_V - E)^{\frac{1}{2}} \exp\left(\frac{E - E_F}{k_B T} \right) dE \\
&= N_V \exp\left(-\frac{E_F - E_V}{k_B T} \right)
\end{aligned}
\tag{3.10}
$$

で与えられる．ここで

$$N_V = 2\left(\frac{m_{dh} k_B T}{2\pi \hbar^2}\right)^{\frac{3}{2}} \tag{3.11}$$

である．N_V は価電子帯の有効状態密度，m_{dh} は価電子帯上端における正孔の状態密度有効質量である．ここで得られた式 (3.10) は，正孔密度 p とフェルミ準位 E_F を関係付けている．

図 3.2 には，真性半導体における状態密度 $D(E)$，電子の占有確率 $f(E)$，電子密度 $n(E)$ の関係を示した．また**図 3.3** には，真性半導体における状態密

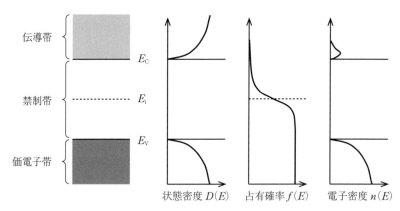

図 3.2 真性半導体における状態密度 $D(E)$，電子の占有確率 $f(E)$，電子密度 $n(E)$ の関係

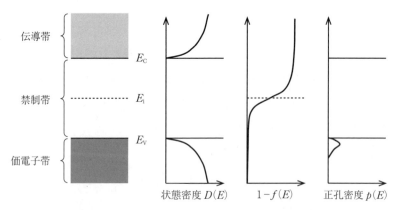

図 3.3 真性半導体における状態密度 $D(E)$，$1-f(E)$，正孔密度 $p(E)$ の関係

度 $D(E)$，$1-f(E)$，正孔密度 $p(E)$ の関係を表した。

3.3　真性フェルミ準位

真性半導体の伝導電子と正孔は，価電子が伝導帯に励起されることによって生成する。よって

$$n=p=n_i \tag{3.12}$$

が成り立つ。この式中の n_i は真性キャリヤ密度と呼ばれている。式 (3.8)，(3.10) を式 (3.12) に代入すると，

$$N_C \exp\left(-\frac{E_C-E_F}{k_B T}\right) = N_V \exp\left(-\frac{E_F-E_V}{k_B T}\right) \tag{3.13}$$

が得られる。この式を E_F について解き，真性半導体のフェルミ準位 E_F を E_i と表すと

$$E_i = \frac{1}{2}(E_C+E_V) + \frac{3}{4}k_B T \ln\frac{m_{dh}}{m_{de}} \tag{3.14}$$

が得られる。真性半導体のフェルミ準位は真性フェルミ準位と呼ばれ，この式より真性フェルミ準位 E_i は禁制帯の中央付近に位置していることがわかる。

E_G をバンドギャップとすると $E_G \equiv E_C - E_V$ である。式 (3.8)，(3.10) から

$$pn = n_i{}^2 = N_C N_V \exp\left(-\frac{E_C-E_V}{k_B T}\right) = N_C N_V \exp\left(-\frac{E_G}{k_B T}\right) \tag{3.15}$$

を得る。この関係は，平衡状態における真性キャリヤ密度 n_i が温度とバンドギャップによって決まり，それらが変化しないときには一定であることを示している。この式より真性キャリヤ密度は

$$n=p=n_i = (N_C N_V)^{\frac{1}{2}} \exp\left(-\frac{E_G}{2k_B T}\right) \tag{3.16}$$

と求まる。**図 3.4** はバンドギャップの異なる 3 種類の半導体における真性キャリヤ密度と温度の関係を表している。

44   3. 半導体中のキャリヤ

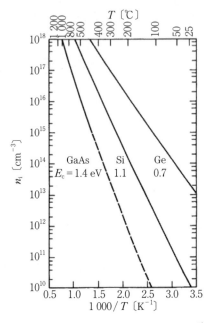

図 3.4 真性キャリヤ密度 n_i と温度の関係[1]

3.4 有 効 質 量

　エネルギーバンド内の電子の運動方程式について考えてみよう。現実の電子は波束（wave packet）として扱われる。波束の進む速度は群速度と呼ばれ，波数 k, 角振動数 $\omega(=2\pi\nu)$ を持つ電子の群速度は

$$v_g = \frac{d\omega}{dk} \tag{3.17}$$

で与えられる。式（3.17）の導出については量子力学の専門書で確認していただきたい。式 (2.1)，(2.10) より

$$E = h\nu = \hbar\omega = \frac{\hbar^2 k^2}{2m} \tag{3.18}$$

であるから

$$v_g = \frac{d\omega}{dk} = \frac{1}{\hbar}\frac{dE}{dk} = \frac{\hbar k}{m} = \frac{p}{m} \tag{3.19}$$

となる。一方，電子を粒子とみなしたときの運動量 p と粒子の速さ v の関係は

$$p = mv, \qquad v = \frac{p}{m} \tag{3.20}$$

であるから，群速度 v_g は粒子とみなしたときの速さ v に一致している。

伝導帯の一部に電子が存在しているときを考えよう。$-q$ の電荷を持つ電子に対し時間 δt の間に電界 $\mathcal{E}$ によってなされる仕事 δE は

$$\delta E = -q\mathcal{E}v_g\delta t \tag{3.21}$$

である。ここで式（3.19）を用いると

$$\delta E = \frac{dE}{dk}\delta k = \hbar v_g \delta k \tag{3.22}$$

となる。式（3.21），（3.22）を見比べると

$$\delta k = -\frac{1}{\hbar}q\mathcal{E}\delta t \tag{3.23}$$

が得られる。これより

$$F = -q\mathcal{E} = \hbar\frac{dk}{dt} \tag{3.24}$$

の関係が得られる。この運動方程式から電界 $\mathcal{E}$ によって波数 k が変化することがわかる。

つぎに式（3.19）の両辺を t で微分すると加速度は

$$\frac{d}{dt}v_g = \frac{1}{\hbar}\frac{d^2E}{dkdt} = \frac{1}{\hbar}\frac{d^2E}{dk^2}\frac{dk}{dt} \tag{3.25}$$

によって得られる。この式を用いて式（3.24）をつぎのように変形しよう。

$$F = \frac{\hbar^2}{\dfrac{d^2E}{dk^2}}\frac{d}{dt}v_g = m^*\frac{dv_g}{dt} \tag{3.26}$$

式（3.26）は，つぎの式（3.27）を定義することによって，古典力学における質点に作用する力と加速度の関係と同じ形を取ることがわかる。

$$\frac{1}{m^*} = \frac{1}{\hbar^2}\frac{d^2E}{dk^2} \tag{3.27}$$

ここで m^* は電子の有効質量である。

三次元結晶では電子の群速度は

$$\boldsymbol{v}_g = \frac{1}{\hbar}\nabla_k E = \frac{1}{\hbar}\left(\frac{\partial E}{\partial k_x},\ \frac{\partial E}{\partial k_y},\ \frac{\partial E}{\partial k_z}\right) \tag{3.28}$$

で与えられ，逆有効質量テンソルの成分は

$$\left(\frac{1}{m^*}\right)_{ij} = \frac{1}{\hbar^2}\frac{d^2}{dk_i dk_j}E \tag{3.29}$$

と表される。

一次元結晶のエネルギーバンドの第1ブリユアンゾーンの電子のエネルギー $E(k)$ を，ある波数 k_0 の周りで展開してみよう。

$$\begin{aligned}
E(k) &= E(k_0) + \frac{1}{1!}\frac{dE}{dk}(k-k_0) + \frac{1}{2!}\frac{d^2E}{dk^2}(k-k_0)^2 + \cdots \\
&= E(k_0) + \hbar(k-k_0)\frac{1}{\hbar}\frac{dE}{dk} + \hbar^2(k-k_0)^2\frac{1}{2\hbar^2}\frac{d^2E}{dk^2} + \cdots
\end{aligned} \tag{3.30}$$

上式の第2項の係数には式（3.19）の群速度 v_g が含まれており，第3項には式（3.27）の有効質量 m^* が含まれている。すなわち波数 k_0 の周りのエネルギーバンドの様子は群速度ならびに有効質量と密接に関係している。

3.5 正　　　　　孔

図3.5 に示したような分散関係（E-k 関係）を持つ半導体のエネルギーバンドについて考えてみる。この場合，$k=0$ で $E(k)$ が極大または極小となっており，式（3.30）の第2項はゼロとなる。第4項以上を無視すると，伝導帯の底における分散関係（E-k 関係）は近似的に

$$E(k) = E_c + \frac{\hbar^2 k^2}{2m^*} \tag{3.31}$$

と表すことができる。ここで E_c は伝導帯下端のエネルギーであり，m^* は伝

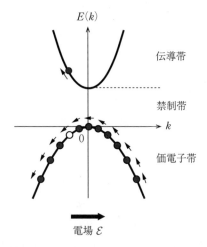

図 3.5 $k=0$ で $E(k)$ が極大または極小となっている半導体のエネルギーバンド

導帯下端の近傍における電子の有効質量である。E_v を価電子帯上端のエネルギーとすると，価電子帯について

$$E(k) = E_v + \frac{\hbar^2 k^2}{2m_e^*} \tag{3.32}$$

と表すことができる。m_e^* は価電子帯上端の近傍における電子の有効質量である。

価電子が価電子帯から伝導帯に励起され，価電子帯に正孔が生成した状態について考えよう。図 3.5 に示すように電界 $\mathcal{E}$ を加えると，価電子帯の電子は 3.4 節で求めた運動方程式（3.24）に従って $\mathcal{E}$ と逆の向きに力を受けて移動する。このとき正孔も電子とともに $\mathcal{E}$ と逆の向きに移動する。ゆえに正孔の運動方程式も式（3.24）で与えられる。

前節で示した式（3.27）は m_e^* に対しても成り立ち

$$\frac{1}{m_e^*} = \frac{1}{\hbar^2} \frac{d^2 E}{dk^2} \tag{3.27}'$$

であり，価電子帯の E-k 曲線の曲率から考えて，価電子帯の極大付近では有効質量 m_e^* は負の値となっている。ここで m_h^* を価電子帯上端の近傍におけ

48   3. 半導体中のキャリヤ

る正孔の有効質量として，つぎの置き換えを行う。

$$m_h{}^* = -m_e{}^* (>0) \tag{3.33}$$

すると，分散関係（3.32）は

$$E(k) = E_v - \frac{\hbar^2 k^2}{2m_h{}^*} \tag{3.34}$$

と書き換えられる。正孔の群速度 v_{gh} は式（3.34）より

$$v_{gh} = \frac{1}{\hbar} \frac{dE}{dk} = -\frac{\hbar k}{m_h{}^*} \tag{3.35}$$

と与えられ，これを t で微分すると

$$\frac{d}{dt} v_{gh} = \frac{1}{\hbar} \frac{d^2 E}{dk dt} = \frac{1}{\hbar} \frac{d^2 E}{dk^2} \frac{dk}{dt} = \frac{1}{\hbar^2} \frac{d^2 E}{dk^2} (-q\mathcal{E}) = \frac{q\mathcal{E}}{m_h{}^*} \tag{3.36}$$

を得る。すなわち正孔は電界 $\mathcal{E}$ のもとで，正の電荷 $+q$ と正の有効質量 $m_h{}^*$ を持った粒子のように振る舞う。

3.6　不純物半導体

3.1 節で触れたようにシリコン結晶では，各シリコン原子が四つのシリコン原子と共有結合によって結び付いている。今，周期表の第 15 族に属しているリンや砒素をシリコン結晶にドープ（添加）し，シリコン原子と置き換えた場合について考えてみる。**図 3.6**（a）に示すように，4 価のシリコン原子を 5 価のリン原子と置き換えると，結合に寄与しない電子が 1 個発生する。これが伝導電子となる。このように伝導電子を供給することのできる不純物をドナー（donor）という。シリコンと結合を形成したリンは 1 個の電子を失い，1 価の正イオンとなる。このようなイオン化したドナーをドナーイオンという。多数のドナーがドープされた半導体では，負電荷（negative charge）を持つ伝導電子が多数生成することとなる。このような半導体を n 形半導体と呼ぶ。

シリコン結晶ではシリコン原子が規則性を持って並んでおり，周期的なポテンシャルが形成されている。ドナー不純物をシリコン結晶にドープすると，ド

3.6 不純物半導体

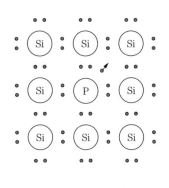
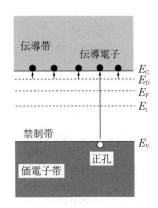

（a） ドナーの二次元モデル　　（b） n形半導体のバンド差式図

図3.6 シリコン結晶のドナーの二次元モデルと
n形半導体のエネルギーバンド模式図

ナーイオンのクーロンポテンシャルおよび，ドナーとシリコン原子の内部ポテンシャルの違い，ドナーによって生じるシリコン結晶の格子歪みなどに起因して，その周囲に局所的なポテンシャルが形成される。このためシリコン結晶の禁制帯にエネルギー準位が発生する。このようなドナーに起因するエネルギー準位をドナー準位という。ここではクーロンポテンシャルの効果のみを考慮した水素様モデル（hydrogen-like model）を用いてドナー準位について考察してみよう。水素原子の原子核と軌道にある電子の間にはクーロン力が働いている。このため軌道にある電子のクーロンポテンシャルは

$$V(r) = -\frac{q^2}{4\pi\varepsilon_0 r} \tag{3.37}$$

で与えられる。ここで q は電気素量であり，ε_0 は真空の誘電率，r は原子核と電子の距離である。この電子のエネルギー E_H はシュレディンガー方程式を解くことで求めることができ，m を電子の質量とするとつぎのように得られる。

$$E_H = -\frac{m}{2\hbar^2}\left(\frac{q^2}{4\pi\varepsilon_0}\right)^2 \frac{1}{n^2} \quad (n=1,2,3\cdots) \tag{3.38}$$

一方，シリコン結晶の中のドナーイオンの近傍の伝導電子の場合，クーロンポテンシャルはシリコンの比誘電率 ε_S を用いて

50   3. 半導体中のキャリヤ

$$V(r) = -\frac{q^2}{4\pi\varepsilon_0\varepsilon_S r} \tag{3.39}$$

で与えられる。水素様モデルを用いると，ドナーイオンに束縛された有効質量が m_{ce} の伝導電子のエネルギー E_D は

$$E_D = -\frac{m_{ce}}{2\hbar^2}\left(\frac{q^2}{4\pi\varepsilon_0\varepsilon_S}\right)^2\frac{1}{n^2} \qquad (n=1,2,3\cdots) \tag{3.40}$$

となる。この式を式（3.38）を用いて書き換えると

$$E_D = E_H\frac{m_{ce}}{m}\frac{1}{\varepsilon_S{}^2} \tag{3.41}$$

となる。式（3.41）を用いて計算されたドナー準位のエネルギーと実測値を**表3.1** にまとめた。この表に示されたドナー準位と伝導帯下端のエネルギーの差は，室温における 1 個の電子の熱エネルギー（$k_B T \sim 26\,\mathrm{meV}$）と同程度である。このため図 3.6（b）に描いたように，電子はドナー準位から伝導帯へ容易に励起され，伝導電子が生成する。

表 3.1　シリコンの不純物準位

	不純物元素	$E_C - E_D$ または $E_A - E_V$ [meV]
ドナー	水素様モデルで計算した E_D	25
	P	44
	As	49
	Sb	39
アクセプタ	B	45
	Al	57

　つぎに，周期表の第 13 族に属しているボロン（ホウ素）をシリコン結晶にドープし，シリコン原子と置き換えた場合について考えてみる。**図 3.7**（a）に示すように，3 価のボロン原子が 4 価のシリコン原子と置き換わると，隣接する四つのシリコン原子との結合に関与する価電子が 1 個不足する。この不足をシリコンの価電子によって補うと，シリコンの価電子帯に正孔が 1 個生成する。正孔を生成することのできるボロンのような不純物はアクセプタ（acceptor）と呼ばれる。また，シリコン結晶中のボロン原子が 1 個の電子を捕獲

3.6 不純物半導体　51

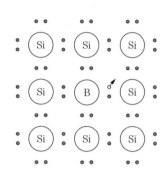
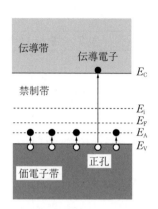

（a）アクセプタの二次元モデル　　（b）p形半導体のバンド模式図

図3.7 シリコン結晶のアクセプタの二次元モデルと
p形半導体のエネルギーバンド模式図

すると1価の負イオンとなる。イオン化したアクセプタはアクセプタイオンと呼ばれる。多数のアクセプタがドープされた半導体では、正電荷（positive charge）を持つ正孔が多数生成する。このような半導体はp形半導体と呼ばれる。

シリコン結晶にドープされたアクセプタは、禁制帯にアクセプタ準位を作る。3.5節で説明したように、価電子帯の正孔は正の電荷 $+q$ と有効質量 m_h^* を持つ粒子のように振る舞う。このため負イオンとなったボロン（B^-）と正孔の間にはクーロン力が働く。このため、ドナー準位の場合と同様に、アクセプタ準位についても水素様モデルを用いて考察することができるが、ここでは価電子帯上端から測ったアクセプタ準位の実測値のみを表3.1に示しておく。アクセプタ準位と価電子帯上端のエネルギーの差は非常に小さいため、図3.7（b）に描いたように、価電子帯の電子がアクセプタ準位へ熱エネルギーによって容易に励起され、価電子帯に正孔が生成する。アクセプタ準位には電子が捕獲され、アクセプタは負イオンとなる。

52   3. 半導体中のキャリヤ

3.7 キャリヤ密度とフェルミ準位

伝導電子密度 n，正孔密度 p とフェルミ準位 E_F の関係は，3.2 節において導いたように

$$n = N_C \exp\left(-\frac{E_C - E_F}{k_B T}\right) \tag{3.8}$$

$$p = N_V \exp\left(-\frac{E_F - E_V}{k_B T}\right) \tag{3.10}$$

によって与えられる。これらの 2 式を用いると，真性半導体のキャリヤ密度 n_i は真性フェルミ準位 E_i を用いて

$$n_i = N_C \exp\left(-\frac{E_C - E_i}{k_B T}\right) = N_V \exp\left(-\frac{E_i - E_V}{k_B T}\right) \tag{3.42}$$

と書くことができる。式 (3.42) を変形して式 (3.8) と式 (3.10) に代入すると

$$n = n_i \exp\left(\frac{E_F - E_i}{k_B T}\right) \tag{3.43}$$

$$p = n_i \exp\left(\frac{E_i - E_F}{k_B T}\right) \tag{3.44}$$

を得る。式 (3.8)，(3.10) は不純物半導体においても成り立つ。それらをもとに導出した式 (3.43)，(3.44) も同様に不純物半導体において成り立つ式である。これらの 2 式より，つぎのことがわかる。

① $E_F > E_i$ のとき，$n > n_i > p$ であり多数キャリヤは伝導電子である。このような半導体は n 形半導体である。

② $E_F < E_i$ のとき，$n < n_i < p$ であり多数キャリヤは正孔である。このような半導体は p 形半導体である。

また，式 (3.43)，(3.44) の辺々を掛け合わせると，3.3 節で求めた以下の関係を再び得る。

$$pn = n_i^2 \tag{3.15}$$

3.7 キャリヤ密度とフェルミ準位   53

この式もやはり不純物半導体においても成り立っている。

半導体の単位体積における電荷密度 ρ は，イオン化したドナーの密度 N_D とイオン化したアクセプタの密度 N_A，伝導電子密度 n，正孔密度 p を用いて

$$\rho = q(p - n + N_D - N_A) \tag{3.45}$$

と表される。つぎの関係

$$p + N_D = n + N_A \tag{3.46}$$

が成り立つとき $\rho=0$ である。式（3.46）の関係は空間電荷中性の条件（the condition of space-charge neutrality）と呼ばれている。

さて，ドナーイオンの密度 N_D が高く，N_D に比べてアクセプタイオンの密度 N_A と熱的に生成した電子正孔対の密度が小さく無視できるとき

$$n \cong N_D \tag{3.47}$$

である。このとき n 形半導体のフェルミ準位は式（3.43）より

$$E_{F(n)} \cong E_i + k_B T \ln \frac{N_D}{n_i} \tag{3.48}$$

と表すことができる。一方，アクセプタイオンの密度 N_A が高く，N_A に比べてドナーイオンの密度 N_D と熱的に生成した電子正孔対の密度が小さく無視できるときは

$$p \cong N_A \tag{3.49}$$

が成り立ち，p 形半導体のフェルミ準位は式（3.44）より

$$E_{F(p)} \cong E_i - k_B T \ln \frac{N_A}{n_i} \tag{3.50}$$

と表される。式（3.48），（3.50）から，フェルミ準位は N_D が高くなると伝導帯に近づき，N_A が高くなると価電子帯に近づくことがわかる。

図 3.8 は，$1 \times 10^{15}\,\mathrm{cm^{-3}}$ のドナー密度を持つシリコンの伝導電子密度と温度の関係を示している。高温では電子正孔対の生成速度が高くなり，真性キャリヤ密度 n_i が支配的となる。このため不純物半導体であっても，真性半導体の性質が色濃く出ることとなる。出払い領域ではドナー準位から伝導帯へ電子が出払っており，伝導電子密度はドナー密度によって決まる。この領域では例え

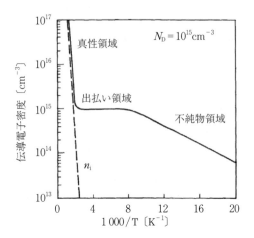

図 3.8 $1\times 10^{15}\,\mathrm{cm}^{-3}$ のドナー密度を持つシリコンの伝導電子密度と温度の関係

ば,ドープしたリンの密度によってシリコン結晶の電気伝導度やフェルミ準位を決定できるため,工業的には安定に半導体デバイスを動作させることが可能である.低温ではイオン化しないドナーの割合が増加し,伝導電子密度が温度によって変化する.前述した①と②は,高温や極低温以外のおもに出払い領域について述べていたことに注意していただきたい.

これまで,半導体においては価電子が伝導帯に励起されることで伝導電子と正孔の生成が同時に起こることを述べてきた.3.1節で触れたように,この過程では,価電子が伝導帯に励起されるために禁制帯幅以上のエネルギーを必要とする.一方,**図 3.9** のように,空間的に伝導電子と正孔が出会うとそれらの再結合(recombination)が起こり,伝導電子と正孔が対で消滅する.この過程ではフォトン放出などにより伝導電子がエネルギーを失う.今,単位体積において電子正孔対が生成(genaration)する割合を G,再結合が起こる割合を R とする.再結合が起こる割合は伝導電子密度 n と正孔密度 p に比例するから

$$R = rnp \tag{3.51}$$

である.ここで r は比例定数である.伝導電子密度の時間変化 dn/dt は,生

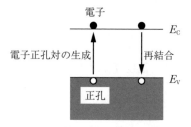

図 3.9 電子正孔対の生成と再結合

成と再結合の差で与えられるから

$$\frac{dn}{dt} = G - rnp \tag{3.52}$$

となる。熱平衡状態では $dn/dt=0$ であるから

$$np = \frac{G}{r} = n_i^2 = 一定 \tag{3.53}$$

の関係が成り立っている。

　以上の説明では，電子正孔対の生成と再結合が伝導帯と価電子帯との間で起こる場合を考えてきた。生成・再結合は，半導体結晶中や半導体-絶縁膜界面，半導体-金属界面などの禁制帯に生成する欠陥準位を介しても起こる現象である。本書ではこの部分には立ち入らないが，半導体デバイスにおいてはたびたび欠陥準位を介する電子正孔対の生成・再結合が問題となるため，章末に参考となる図書[2,3]を挙げておく。

3.8　キャリヤのドリフトと移動度

　半導体結晶の中に均一な密度 n で伝導電子が分布しているとしよう。伝導電子の電荷を $-q$，有効質量を m^*，速さを v とし，熱平衡状態における電子の運動エネルギーの平均をマクスウェル・ボルツマン分布を用いて計算すると，つぎの関係を導くことができる。

$$\frac{1}{2}m^*\langle v^2 \rangle = \frac{3}{2}k_B T \tag{3.54}$$

56   3. 半導体中のキャリヤ

ここで $\langle v^2 \rangle$ は速度の二乗平均である。今，三次元空間での運動を考えているので，この式は 1 自由度当り $\frac{1}{2}k_B T$ の平均エネルギーが分配されるエネルギー等分配則となっている。温度 T における熱速度の平均を v_{th} とすると

$$v_{th} = \langle v^2 \rangle^{\frac{1}{2}} = \left(\frac{3k_B T}{m^*}\right)^{\frac{1}{2}} \tag{3.55}$$

である。この式を用いてシリコンにおける室温での電子の熱速度の平均を計算すると 10^7 cm/s 程度にもなる。すなわち，個々の伝導電子は熱運動によりあらゆる方向に高速で動いており，結晶格子や不純物原子との衝突を繰り返す。しかし衝突のたびに速度の向きと大きさはランダムに変化し，十分に長い時間における電子の移動距離の平均は 0 となる。

つぎに，半導体に弱い電界 $\mathcal{E}$ を加え十分に時間が経った場合を考えてみよう。すべての伝導電子は電界によって $-q\mathcal{E}$ の力を受け，$-\mathcal{E}$ の方向に加速される。個々の電子は格子や不純物原子と衝突を繰り返し，そのたびに運動量が変化する。このときも個々の電子は熱速度に加えて $-\mathcal{E}$ の方向に速度成分を持っている。このため電子の集団は $-\mathcal{E}$ の方向に v_n のドリフト速度を持つ。衝突間の平均自由時間（mean free time）が τ_n であるとき

$$F\tau_n = -q\mathcal{E}\tau_n = m^* \frac{dv_n}{dt} \tau_n = m^* v_n \tag{3.56}$$

であり，この式から

$$v_n = -\frac{q\tau_n}{m^*}\mathcal{E} \tag{3.57}$$

を得る。式 (3.57) の比例係数を μ_n とすると

$$v_n = -\mu_n \mathcal{E}, \qquad \mu_n = \frac{q\tau_n}{m^*} \tag{3.58}$$

と表され，μ_n を伝導電子のドリフト移動度（drift mobility）または単に移動度と呼ぶ。**図 3.10** は各種半導体における電子と正孔のドリフト速度と電界強度の関係を示している。電子と正孔のドリフト速度は，電界が小さいとき電界に比例するが，電界が大きくなると飽和する。

3.8 キャリヤのドリフトと移動度

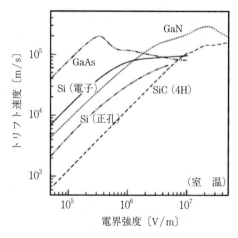

図 3.10 各種半導体における電子と正孔の
ドリフト速度と電界強度の関係[4]

電界によるキャリヤのドリフト運動はドリフト電流を生ずる。伝導電子のドリフト運動に起因する電流の密度 J_n は

$$J_n = -qnv_n = qn\mu_n \mathcal{E} \tag{3.59}$$

と表すことができる。価電子帯の正孔についても同様に扱うことができ，正孔のドリフト運動によって生ずる電流密度 J_p は

$$J_p = qpv_p = qp\mu_p \mathcal{E} \tag{3.60}$$

と書くことができる。ここで p は正孔密度，q は正孔の電荷，v_p は正孔のドリフト速度，μ_p は正孔のドリフト移動度である。全電流密度 J は J_n と J_p の和であるから

$$J = J_n + J_p = q(n\mu_n + p\mu_p)\mathcal{E} = \sigma\mathcal{E} \tag{3.61}$$

となる。上式において σ は導電率であり

$$\sigma = q(n\mu_n + p\mu_p) \tag{3.62}$$

である。導電率 σ の逆数は抵抗率（比抵抗）ρ であって

$$\rho = \frac{1}{\sigma} = \frac{1}{q(n\mu_n + p\mu_p)} \tag{3.63}$$

である。**図 3.11** は，室温における n 形および p 形のシリコン結晶の抵抗率と

58   3. 半導体中のキャリヤ

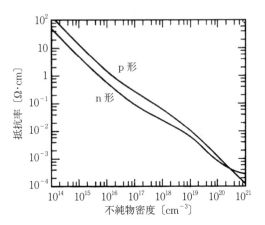

図 3.11 室温における n 形および p 形のシリコン結晶の抵抗率と不純物密度の関係

不純物密度の関係を示している．n 形シリコンの抵抗率が p 形シリコンに比べて低い理由は，電子の移動度が正孔のそれに比べて高いことに起因している．

3.9 キャリヤの拡散

前節では半導体結晶の中に均一な密度で伝導電子と正孔が分布している場合を考えたが，本節では結晶内部のキャリヤ密度が不均一な場合について考えよう．**図 3.12** のように伝導電子が分布しており熱運動を行っている場合，ある面を左側の伝導電子密度 n が高い領域から x 軸の正の方向に通過する電子の数は，同じ面を右側の伝導電子密度 n が低い領域から x 軸の負の方向に通過する電子数に比べて多い．単位面積を x 軸の正の方向に通過した電子の数と負の方向に通過した電子の数の差し引きを流束 F_n とすると，定常状態では F_n はフィックの拡散の第一法則に従い，密度勾配に比例する．

$$F_n = -D_n \frac{dn}{dx} \tag{3.64}$$

上式で D_n は電子の拡散定数（diffusion constant）である．同様に p を正孔密

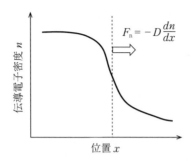

図 3.12 空間的に不均一な伝導電子密度

度，F_p を正孔の流束，D_p を正孔の拡散定数とすると

$$F_p = -D_p \frac{dp}{dx} \tag{3.65}$$

が成り立つ。よってキャリヤ密度が空間的に不均一である場合，キャリヤの拡散に基づく，つぎの電流成分が発生する。

$$J_{\text{diff}} = -qF_n + qF_p = q\left(D_n\frac{dn}{dx} - D_p\frac{dp}{dx}\right) \tag{3.66}$$

キャリヤ密度が不均一である半導体に電圧を印加した場合に流れる電流は，式 (3.66) の電流成分に式 (3.61) のドリフト電流成分が加わり

$$J = J_n + J_p = q\left(n\mu_n\mathcal{E} + p\mu_p\mathcal{E} + D_n\frac{dn}{dx} - D_p\frac{dp}{dx}\right) \tag{3.67}$$

となる。

演 習 問 題

【3.1】 以下の各問に答えなさい。ただし
ボルツマン定数 k_B を 1.381×10^{-23} J・K^{-1}＝8.617×10^{-5} eV・K^{-1}
プランク定数 h を 6.626×10^{-34} J・s
真空中の電子の質量 m_0 を 9.109×10^{-31} kg
電荷素量 q を 1.602×10^{-19} C
シリコンの電子親和力 $q\chi$ を 4.05 eV
シリコンの禁制帯幅（エネルギーギャップ）E_G を 1.12 eV（300 K において）

60   3. 半導体中のキャリヤ

シリコンの電子と正孔の状態密度有効質量を

$$\frac{m_{de}}{m_0} = 1.06, \qquad \frac{m_{dh}}{m_0} = 0.58$$

シリコンの電子と正孔の電気伝導度有効質量を

$$\frac{m_{ce}}{m_0} = 0.26, \qquad \frac{m_{ch}}{m_0} = 0.56$$

室温におけるシリコン中の電子と正孔の移動度 μ_n, μ_p を，それぞれ

$1\,600\,\mathrm{cm}^2/(\mathrm{V \cdot s}), \qquad 430\,\mathrm{cm}^2/(\mathrm{V \cdot s})$

真空の誘電率 ε_0 を $8.854 \times 10^{-12}\,\mathrm{F/m}$

シリコンの比誘電率 ε_S を 11.9

シリコンの真性キャリヤ密度 n_i を $1.45 \times 10^{16}\,\mathrm{m}^{-3}$（300 K において）

とする。

（1） 300 K における半導体結晶中の電子の運動エネルギーの平均を計算しなさい。ただし，熱平衡状態を考えているものとする。単位は J で答えなさい。また，求めた値を eV の単位に換算しなさい。

（2） 300 K におけるシリコン結晶中の電子の熱速度 v_{th} の大きさを計算しなさい。

（3） 0.1 cm の長さのシリコンに 10 V の電圧が印加されている。電子のドリフト速度 v_d を計算し，熱速度 v_{th} の何倍か求めなさい。

（4） 300 K におけるシリコンの真性フェルミ準位 E_i を計算しなさい。

（5） 水素様モデルを用いてシリコン中のドナーイオンの電子の束縛エネルギー E_D を計算しなさい。

【3.2】 図 3.11 において，不純物密度が同じ n 形シリコン結晶と p 形シリコン結晶の抵抗率に違いがある理由を考察しなさい。

【3.3】 固体結晶のエネルギーバンドは，結晶を構成する元素や対称性に依存し複雑な構造（E-k 関係）をとる。半導体結晶のエネルギーバンド構造を調べるとエネルギーバンドギャップが $k = (0,0,0)$ の点（ブリユアンゾーンのこの点を Γ 点と呼ぶ）で最小になるものと，Γ 点以外で最小になるものがある。前者は直接遷移型半導体，後者は間接遷移型半導体と呼ばれる。直接遷移型半導体の例として GaAs があり，その価電子帯の上端と伝導帯の下端はいずれも Γ 点に存在する。シリコンは間接遷移型半導体である。シリコンの価電子帯の上端は Γ 点に存在するが，伝導帯の下端は Γ 点と X 点の間に存在する。（シリコンの伝導帯には X 点方向に 6 個の谷（valley）が存在する。）シリコンのエネルギーバンドギャップは 1.12 eV であり，GaAs では 1.43 eV である。問図 3.1（a）（b）は GaAs 結晶と Si 結晶のエネルギーバンド図であり，破線で囲んだ部分が伝導帯の下端である。伝導帯下端近傍の E-k 関係が式（3.31）で近似できるとすると，どちらの結晶において伝導

演習問題　61

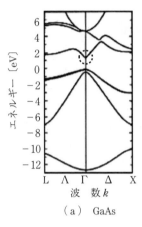
（a）GaAs

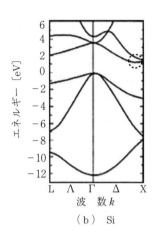
（b）Si

問図 3.1　GaAs 結晶と Si 結晶のエネルギーバンド図

電子の有効質量が小さくなるか。

（参考）　**問図 3.2** は面心立方格子のブリユアンゾーンにおける対称点（対称性が高い点）を示している。

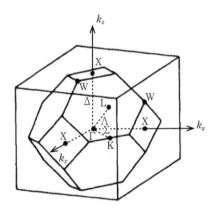

問図 3.2　面心立方格子のブリユアンゾーンにおける対称点

引用・参考文献

1) A. S. Grove 著，垂井康夫，杉山尚志，杉渕清 共訳："半導体デバイスの基礎"，オーム社（1995）
2) S. M. Sze 著，南日康夫，川辺光央，長谷川文夫 共訳："半導体デバイス（第2版）—基礎理論とプロセス技術—"，産業図書（2004）
3) 岸野正剛："現代 半導体デバイスの基礎"，オーム社（1995）
4) 大木義路，奥村次徳，石原好之，山野芳昭："電気電子材料—基礎から試験法まで—（電気学会大学講座）"，電気学会（2006）

MOSFET の動作原理

　本章では最初に，MOS 構造の半導体表面の状態がゲート電極-半導体基板間の電圧によってどのように変化するかを説明する。これによって MOSFET のスイッチ動作の原理を理解する。つぎに，グラジュアルチャネル近似を用いて MOSFET の I_D-V_D 特性（出力特性）と I_D-V_G 特性（伝達特性）の関係式を導出する。さらに，n チャネル MOSFET（nMOSFET）と p チャネル MOSFET（pMOSFET）からなる CMOS インバータの動作を説明した後，比例縮小則に従って MOSFET の構造を変更したときに CMOS インバータの性能がどのように変化するかを説明する。これによって MOSFET の微細化が進められた原動力について理解を深める。

4.1　MOS　構　造

　電界効果トランジスタの動作原理は 1930 年代に提案されたが，最初の集積回路はのちに現れたバイポーラトランジスタによって実現された。その後，シリコン表面に良質なシリコン酸化膜（SiO_2 膜）を形成する技術の研究が進み，1960 年代にシリコンを用いた MOSFET が実用化され，その後急速にその利用が進んだ。現在では，MOSFET は集積回路を構成する主要な素子として，きわめて重要な地位を占めている。

　MOSFET の動作を理解するためには，その前に MOS 構造（MOS キャパシタ）の性質を知っておかなければならない。MOS 構造とは，図 4.1 に示すように，半導体（図 4.1 ではシリコン）の表面にゲート絶縁膜となる SiO_2 の薄膜を形成し，その上面にゲート電極となる金属を形成した構造である。SiO_2 膜は単結晶シリコンの基板を O_2 や H_2O などの酸化剤によって酸化すること

4. MOSFETの動作原理

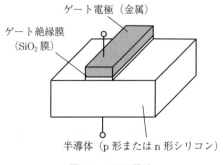

図 4.1 MOS 構造

により形成されることが多い。

図 4.2 は p 形シリコンを用いた理想 MOS 構造のエネルギーバンド模式図である。ここで E_C はシリコンの伝導帯の下端のエネルギーであり，E_V はシリコンの価電子帯の上端のエネルギーである。$q\chi$ はシリコンの電子親和力であり，E_F はフェルミ準位のエネルギーを示している。ϕ_F はフェルミポテンシャルであり，エネルギーの単位で表すために $q\phi_F$ と記した。また，図中で，E_{FM} はゲート電極（この場合は金属）のフェルミ準位のエネルギー，$q\phi_M$ はゲート電極の仕事関数である。固体材料は導電体，半導体，絶縁体に大別できるが，MOS 構造はこれら 3 種類の材料を接合した構造を有している。なお，本節では E_F と E_{FM} が一致しており，SiO_2 膜中や Si-SiO_2 界面の電荷がないものとした理想的な構造（理想 MOS 構造）を扱う。

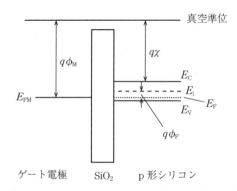

図 4.2 p 形シリコンを用いた理想 MOS 構造のエネルギーバンド模式図

4.1 MOS 構造

 MOS構造は，印加する外部電圧に応じて容量が変化する可変容量キャパシタであり，印加する電圧の大きさや極性によって3種類の状態に変化する．以下では，アクセプタ（例えばボロン）のみをドープしたp形シリコン表面に形成したMOS構造の性質を説明する．

〔1〕 **蓄積状態**　図4.3(a)は，MOS構造のゲート電極に負電圧 V_G (<0) を与え，p形シリコンを接地した場合の模式図である．図(b)(c)

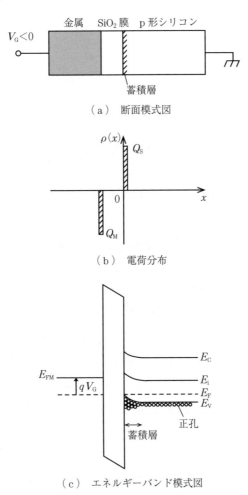

図4.3 MOS構造の電荷分布とエネルギーバンド模式図（蓄積状態）

は，この場合の MOS 構造内の電荷分布とエネルギーバンド模式図を表している。ゲート電極に加えた負電圧 V_G によって p 形シリコン表面に正電荷が現れる。この正電荷の起源は p 形シリコン表面に集まった多数キャリヤの正孔である。このように多数キャリヤが半導体表面に蓄積された状態を蓄積状態（accumulation condition）という。SiO_2 膜の膜厚を t_{ox}，比誘電率を ε_{ox}，真空の誘電率を ε_0 とすると，MOS 構造が形成する容量は単位面積当り（面積 S =1 として）

$$C_{ox}=\varepsilon_0\,\varepsilon_{ox}\frac{1}{t_{ox}} \tag{4.1}$$

と与えられる。単位面積当りのゲート電極に現れる電荷を Q_M，シリコンの表面電荷密度を Q_S とすると以下が成り立つ。

$$Q_M=-Q_S=C_{ox}V_G \tag{4.2}$$

〔2〕 **空乏状態**　　p 形シリコンを接地しゲート電極に正電圧 V_G（>0）を与えると，シリコン表面の電位が高くなり，**図 4.4**（a）のように多数キャリヤである正孔が追い払われ空乏層が形成される。この状態を空乏状態（depletion condition）という。

　図（b）は空乏状態の電荷分布を表しており，図（c）は空乏状態のエネルギーバンド模式図である。p 形シリコンには，負に帯電したアクセプタイオン（例えば B^- イオン）が分布しており，通常はアクセプタイオンと多数キャリヤである正孔の正電荷が電気的中性を保っている。正孔が p 形シリコン表面から追い払われ空乏層が形成されると，空乏層にはアクセプタイオンの負電荷が残ることとなる。アクセプタイオンが p 形シリコン中に均一に分布しているときには，アクセプタイオンの密度を N_A，空乏層の幅を l_D，電気素量の大きさを q とおくと，表面電荷密度 Q_S は単位面積当りの空乏層電荷 Q_B と等しく

$$Q_S=Q_B=-qN_Al_D \tag{4.3}$$

と与えられる。このとき Q_B と単位面積当りのゲート電極の電荷 Q_M とは

$$Q_M=-Q_B \tag{4.4}$$

4.1 MOS 構造　　67

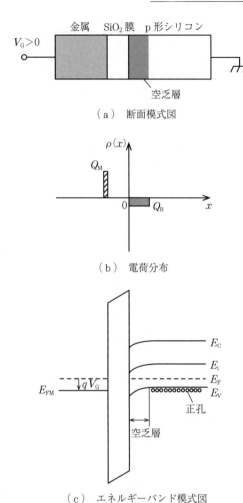

図 4.4　MOS 構造の電荷分布とエネルギーバンド
　　　　模式図（空乏状態）

の関係にある。

〔3〕**反転状態**　ゲート電極の正電圧 V_G を大きくすると p 形シリコン表面の電位がさらに高くなり，**図 4.5**（c）に示すように少数キャリヤである電子が p 形シリコン表面に生成するようになる。この状態を反転状態（inversion condition）と呼び，p 形シリコン表面の伝導電子が多数存在している領域

4. MOSFET の動作原理

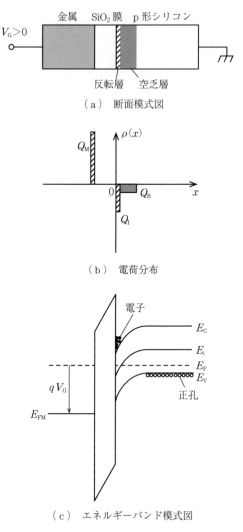

(a) 断面模式図

(b) 電荷分布

(c) エネルギーバンド模式図

図 4.5 MOS 構造の電荷分布とエネルギーバンド模式図（反転状態）

を反転層（inversion layer）という。図（a）（b）はこのときの MOS 構造の断面模式図と電荷分布を表している。

反転状態のとき p 形シリコンの表面電荷密度 Q_S は，反転層の伝導電子による単位面積当りの電荷 Q_I と空乏層電荷 Q_B の和で表される。空乏層幅を $l_{D,\max}$

4.1 MOS 構造

として式 (4.3) を用いると

$$Q_S = Q_I + Q_B = Q_I - qN_A l_{D,max} \tag{4.5}$$

となる。

　反転状態では，ゲート電圧 V_G を高くしたときにゲート電極の正電荷 Q_M が増加すると同時に反転層の伝導電子が増え，電荷 Q_I が増加する。正電荷 Q_M の増加によって正電荷から反転層に向かう電束が増加するが，増加した電束のほとんどは反転層の増加した伝導電子によって終端される。このため，ゲート電圧 V_G を高くしても空乏層中の電界と電位はほとんど変化しなくなり，空乏層幅もほとんど変化しなくなる。

　MOS 構造では，ゲート電圧を与えることで半導体表面の電位を変えてエネルギーバンドを変化させ，半導体表面における少数キャリヤ（上記の例では電子）の密度を制御している。少数キャリヤが生成することでできた反転層を伝導チャネルとして用いる素子が MOSFET である。

　図 4.6 に，p 形半導体内部の状態密度 $D(E)$ および電子の占有確率 $f(E)$ と電子密度 $n(E)$ をエネルギーに対する関数として描いた。電子占有確率 $f(E)$ は，フェルミ・ディラックの分布関数によって与えられる。図 4.7 には，p 形半導体の反転状態におけるエネルギーバンドと電子占有確率 $f(E)$ の関係を示

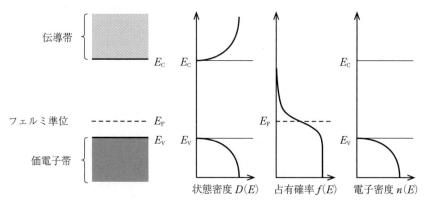

図 4.6　p 形半導体内部の状態密度 $D(E)$ および電子の占有確率 $f(E)$ と電子密度 $n(E)$ の関係

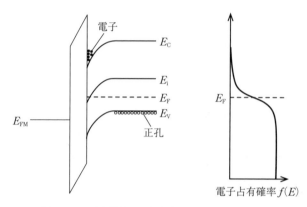

図 4.7　p 形半導体の反転状態におけるエネルギー
バンドと電子占有確率 $f(E)$ の関係

した。p 形半導体内部では，$E > E_C$ における $f(E)$ が小さいため，伝導帯における電子密度 $n(E)$ がきわめて小さい。一方反転層では，p 形半導体表面の電位によって伝導帯のエネルギーが変化し，$f(E)$ の高エネルギーのテイル部分と伝導帯の重なりが大きくなる。このため伝導帯に電子の生成が起こる。

4.2　空乏近似

図 4.8 を用いて空乏状態と反転状態について詳しく調べてみよう。

図 4.4（c）で示したように，正のゲート電圧を加えることで半導体表面のエネルギーバンドが下方に曲がる。このエネルギーバンドの変化を調べるため

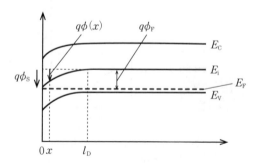

図 4.8　半導体表面のエネルギーバンド模式図

に，半導体表面から深さ x の位置の電位 $\phi(x)$ を求めてみる。ただし，真性フェルミ準位 E_i を電位の基準にとるものとする。また，フェルミポテンシャル ϕ_F を次式で定義する。

$$q\phi_F = E_i - E_F \tag{4.6}$$

空乏層には負電荷を持つアクセプタイオンが存在しており，正孔密度 p が低く無視できるとすると，出払い領域における空乏層の電荷密度は $\rho \approx -qN_A$ と近似できる。一方，半導体内の空乏層以外の領域は電荷中性状態にあり，巨視的に見たとき電荷は存在しないとみなすことができる。ゆえに，ポアソン方程式は

$$\frac{d^2\phi(x)}{dx^2} = \frac{qN_A}{\varepsilon_0\,\varepsilon_S} \tag{4.7}$$

となる。$\phi(0) = \phi_S$ とおき，$x = l_D$ において $\phi(l_D) = 0$，$d\phi(x)/dx = 0$ の境界条件のもとでポアソン方程式を解くと

$$\phi(x) = \phi_S\left(1 - \frac{x}{l_D}\right)^2 \tag{4.8}$$

$$\phi_S = \frac{qN_A}{2\varepsilon_0\,\varepsilon_S}l_D^2 \tag{4.9}$$

が得られる。ここで ϕ_S は表面ポテンシャルである。

図 4.9 は，空乏状態の MOS 構造の断面模式図とその等価回路図である。ゲート電圧 V_G は SiO_2 膜に加わる電圧 V_{ox} とシリコンに加わる電圧の和となるので

$$V_G = V_{ox} + \phi_S \tag{4.10}$$

という関係が成り立つ。一方，電束密度は連続であるから

$$D = \varepsilon_0\,\varepsilon_{ox}\,E_{ox} = \varepsilon_0\,\varepsilon_S\,E_S \tag{4.11}$$

の関係がある。ここで E_{ox} は SiO_2 膜中の電界であり，E_S はシリコン表面の電界である。ガウスの定理より

$$E_S = -\frac{Q_B}{\varepsilon_0\,\varepsilon_S} \tag{4.12}$$

であるから，SiO_2 膜の膜厚 t_{ox} を用いて

72   4. MOSFETの動作原理

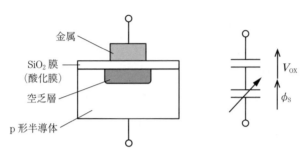

図4.9 空乏状態のMOS構造の断面模式図とその等価回路図

$$V_{\mathrm{ox}} = E_{\mathrm{ox}} t_{\mathrm{ox}} = \frac{\varepsilon_0 \varepsilon_S}{\varepsilon_0 \varepsilon_{\mathrm{ox}}} E_S t_{\mathrm{ox}} = -\frac{t_{\mathrm{ox}}}{\varepsilon_0 \varepsilon_{\mathrm{ox}}} Q_B = -\frac{Q_B}{C_{\mathrm{ox}}} \tag{4.13}$$

と表すことができる。それゆえ，式 (4.10) は

$$V_G = -\frac{Q_B}{C_{\mathrm{ox}}} + \phi_S \tag{4.14}$$

と書き換えられる。

つぎに，半導体内部と表面の電子密度と正孔密度について考えてみる。半導体内部の伝導電子密度を n_{p0}，正孔密度を p_{p0} とし，3章で求めた式 (3.43)，(3.44) を用いると

$$n_{p0} = n_i \exp\left(\frac{E_F - E_i}{k_B T}\right) = n_i \exp\left(-\frac{q\phi_F}{k_B T}\right) \tag{4.15}$$

$$p_{p0} = n_i \exp\left(\frac{E_i - E_F}{k_B T}\right) = n_i \exp\left(\frac{q\phi_F}{k_B T}\right) \tag{4.16}$$

である。一方，図4.8からわかるように半導体表面 ($x=0$) では

$$q(\phi_F - \phi_S) = E_i - E_F \tag{4.17}$$

であるので，表面の伝導電子密度を n_S，正孔密度を p_S とすると

$$n_S = n_i \exp\frac{E_F - E_i}{k_B T} = n_i \exp\left\{-\frac{q(\phi_F - \phi_S)}{k_B T}\right\} \tag{4.18}$$

$$p_S = n_i \exp\frac{E_i - E_F}{k_B T} = n_i \exp\left\{\frac{q(\phi_F - \phi_S)}{k_B T}\right\} \tag{4.19}$$

と書くことができる。

4.2 空 乏 近 似　　73

　半導体表面の真性フェルミ準位 E_i が半導体のフェルミ準位 E_F と一致する
ときは $\phi_S = \phi_F$ であるから，式 (4.18) より，半導体表面の伝導電子密度 n_S
は真性キャリヤ密度 n_i と等しくなる。また，半導体表面のバンドの曲がりが
大きくなり真性フェルミ準位 E_i がフェルミ準位 E_F よりも小さくなったとき
（図 4.8 で E_i が E_F よりも下に位置するとき），$\phi_S > \phi_F$ となり，半導体表面の
伝導電子密度 n_S は真性キャリヤ密度 n_i よりも大きくなる。この状態を弱い反
転（weak inversion）と呼び，半導体表面の伝導帯下端 E_C の近傍に伝導電子
が誘起される。ただし，この状態は伝導電子密度が低いため，MOSFET のオ
ン状態としては一般には利用されない。

　表面ポテンシャル ϕ_S がつぎの関係

$$\phi_S = 2\phi_F \tag{4.20}$$

を満たすときを強い反転（strong inversion）と呼ぶ。式 (4.20) が成り立つ
ときの半導体表面の伝導電子密度 n_S は，式 (4.18) からわかるように式 (4.
16) で示した p 形半導体内部の平衡状態の正孔密度 p_{S0} と等しくなる。

　強い反転が起こった状態では，ゲート電圧 V_G を大きくしたときに反転層の
伝導電子密度 n_S が急激に増加し，電荷 Q_I が急増する。一方で，空乏層の電位
と空乏層幅の変化は小さい。空乏近似では，表面ポテンシャルが式 (4.20) を
満たしたときに空乏層幅が最大値 $l_{D,max}$ となるとおく。式 (4.9) を変形して
式 (4.20) を代入すると最大空乏層幅 $l_{D,max}$ は

$$l_{D,max} = 2\sqrt{\frac{\varepsilon_0\,\varepsilon_S\,\phi_F}{qN_A}} \tag{4.21}$$

と与えられる。ここで，$p_{p0} \cong N_A$ であるから式 (4.16) より

$$\phi_F = \frac{k_B T}{q} \ln \frac{N_A}{n_i} \tag{4.22}$$

が得られる。この式を用いると

$$l_{D,max} = 2\sqrt{\frac{\varepsilon_0\,\varepsilon_S\,k_B T}{q^2 N_A} \ln \frac{N_A}{n_i}} \tag{4.23}$$

という関係が導かれる。この式から $l_{D,max}$ はアクセプタイオンの密度 N_A に依

74 4. MOSFET の動作原理

存することがわかる。

強い反転を引き起こすゲート電圧 V_G はしきい値電圧と呼ばれる。これを V_T とすると式 (4.14), (4.20), (4.21) から

$$V_T = -\frac{Q_B}{C_{OX}} + 2\phi_F = \frac{qN_A l_{D,max}}{C_{OX}} + 2\phi_F = \frac{t_{OX}}{\varepsilon_0 \varepsilon_{OX}} \sqrt{2\varepsilon_0\,\varepsilon_S\,qN_A(2\phi_F)} + 2\phi_F$$

$$(4.24)$$

が得られる。この式と式 (4.22) より,しきい値電圧は,アクセプタイオン密度 N_A を変化させることで制御できることがわかる。

また,反転層が形成された状態では,表面電荷密度 Q_S とゲート電圧 V_G,表面ポテンシャル ϕ_S の間に,式 (4.14) の場合と同様に考えて

$$V_G = -\frac{Q_S}{C_{OX}} + \phi_S \tag{4.25}$$

という関係を導くことができる。

空乏近似を用いて理想 MOS 構造における容量 C とゲート電圧 V_G の関係を求めよう。SiO$_2$ 膜の膜厚を t_{OX},比誘電率を ε_{OX},真空の誘電率を ε_0 とするとき MOS 構造が形成する容量は単位面積当り

$$C_{OX} = \varepsilon_0\,\varepsilon_{OX}\,\frac{1}{t_{OX}} \tag{4.1}$$

であった。つぎに,ゲート電圧 V_G を印加したことによって幅 l_D の空乏層が発生したとすると,空乏層が形成する可変容量 C_S は単位面積当り

$$C_S = \varepsilon_0\,\varepsilon_S\,\frac{1}{l_D} \tag{4.26}$$

である。これらの容量は,図 4.9 に示すように直列接続されているので合成容量 C は

$$\frac{1}{C} = \frac{1}{C_{OX}} + \frac{1}{C_S} \tag{4.27}$$

によって与えられる。一方,式 (4.10) に式 (4.13), (4.3), (4.9) を代入すると

$$V_G = \frac{qN_A}{C_{OX}}\,l_D + \frac{qN_A}{2\varepsilon_0\,\varepsilon_S}\,l_D{}^2 \tag{4.28}$$

が得られるので，この式を l_D について解くと

$$l_D = -\frac{\varepsilon_0 \varepsilon_S}{C_{ox}} + \frac{\varepsilon_0 \varepsilon_S}{C_{ox}}\left(1 + \frac{2C_{ox}{}^2 V_G}{\varepsilon_0 \varepsilon_S q N_A}\right)^{\frac{1}{2}} \tag{4.29}$$

となる。式 (4.27) に式 (4.1)，(4.26)，(4.29) を代入して整理すると

$$\frac{C}{C_{ox}} = \frac{1}{\sqrt{1 + \dfrac{2\varepsilon_0 \varepsilon_{ox}{}^2}{\varepsilon_S q N_A t_{ox}{}^2} V_G}} \tag{4.30}$$

が得られる。**図 4.10** は理想 MOS 構造の C-V 特性を示したものであり，破線 ⓐ は式 (4.30) を用いて $t_{ox} = 100$ nm，$N_A = 1 \times 10^{15}$ cm^{-3} （$= 1 \times 10^{21}$ m^{-3}）の場合について C/C_{ox} を計算した結果である。空乏近似では，V_G が負の場合には蓄積状態となり空乏層が生じないと考えるため，図 4.10 において $C = C_{ox}$ とおいた（破線 ⓑ）。また，V_G がしきい値電圧 V_T 以上になると空乏層幅が最大値 $l_{D,max}$ に達して変化しないと考えるため，C_S が一定値となり C/C_{ox} も一定の値を取る。図 4.10 の破線 ⓒ は，$V_G > V_T$ に対して，式 (4.27)，(4.23)，(4.26) を適用して C/C_{ox} を描いている。

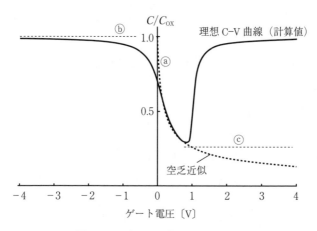

図 4.10 理想 MOS 構造の C-V 特性

76   4.　MOSFET の動作原理

4.3　ポアソン方程式の厳密な解

さて，空乏近似では空乏層の電荷密度を $\rho \approx -qN_A$ と近似して式 (4.7) の
ポアソン方程式を用いた。この近似を用いないで $\phi(x)$ を厳密に計算してみよ
う。半導体の単位体積における電荷密度 ρ は

$$\rho = q(p - n + N_D - N_A) \tag{3.45}$$

であった。

$$E_i - E_F = q\{\phi_F - \phi(x)\} \tag{4.31}$$

の関係と式 (4.15) を用いると式 (3.43) は

$$n = n_i \exp\left(\frac{E_F - E_i}{k_B T}\right) = n_i \exp\left[-\frac{q\{\phi_F - \phi(x)\}}{k_B T}\right] = n_{p0} \exp\left\{\frac{q\phi(x)}{k_B T}\right\} \tag{4.32}$$

となり，式 (4.16) を用いて式 (3.44) は

$$p = n_i \exp\left(\frac{E_i - E_F}{k_B T}\right) = n_i \exp\left[\frac{q\{\phi_F - \phi(x)\}}{k_B T}\right] = p_{p0} \exp\left\{-\frac{q\phi(x)}{k_B T}\right\} \tag{4.33}$$

と書くことができる。また，半導体の内部は平衡状態になっているので電荷の
中性条件が保たれており

$$N_D - N_A = n_{p0} - p_{p0} \tag{4.34}$$

が成立している。それゆえ $\rho(x)$ は

$$\rho(x) = q\left\{p_{p0}\left(e^{-\frac{q\phi(x)}{k_B T}} - 1\right) - n_{p0}\left(e^{\frac{q\phi(x)}{k_B T}} - 1\right)\right\} \tag{4.35}$$

と表すことができる。したがってポアソン方程式は次式で与えられる。

$$\frac{d^2\phi(x)}{dx^2} = -\frac{q}{\varepsilon_0 \varepsilon_S}\left\{p_{p0}\left(e^{-\frac{q\phi(x)}{k_B T}} - 1\right) - n_{p0}\left(e^{\frac{q\phi(x)}{k_B T}} - 1\right)\right\} \tag{4.36}$$

この式を解くことにより電界 $E(x)$ を求めることができる。$E(x)$ は

$$E(x) = -\frac{d\phi(x)}{dx}$$

$$= \pm\frac{\sqrt{2}\,k_{\mathrm{B}}T}{qL_{\mathrm{D}}}\left\{\left(e^{-\frac{q\phi(x)}{k_{\mathrm{B}}T}}+\frac{q}{k_{\mathrm{B}}T}\phi(x)-1\right)+\frac{n_{\mathrm{p}0}}{p_{\mathrm{p}0}}\left(e^{\frac{q\phi(x)}{k_{\mathrm{B}}T}}-\frac{q}{k_{\mathrm{B}}T}\phi(x)-1\right)\right\}^{\frac{1}{2}}$$

$$(4.37)$$

となり，ここで L_{D} は次式で与えられるデバイ長である．

$$L_{\mathrm{D}} = \sqrt{\frac{k_{\mathrm{B}}T\varepsilon_0\,\varepsilon_{\mathrm{S}}}{p_{\mathrm{p}0}q^2}} \tag{4.38}$$

また，半導体表面の電界 E_{S} は $\phi(0) = \phi_{\mathrm{S}}$ とおいて

$$E_{\mathrm{S}} = \pm\frac{\sqrt{2}\,k_{\mathrm{B}}T}{qL_{\mathrm{D}}}\left\{\left(e^{-\frac{q\phi_{\mathrm{S}}}{k_{\mathrm{B}}T}}+\frac{q}{k_{\mathrm{B}}T}\phi_{\mathrm{S}}-1\right)+\frac{n_{\mathrm{p}0}}{p_{\mathrm{p}0}}\left(e^{\frac{q\phi_{\mathrm{S}}}{k_{\mathrm{B}}T}}-\frac{q}{k_{\mathrm{B}}T}\phi_{\mathrm{S}}-1\right)\right\}^{\frac{1}{2}}$$

$$(4.39)$$

となる．それゆえ，ガウスの定理を用いると半導体表面における単位面積当りの全電荷 Q_{S} は

$$Q_{\mathrm{S}} = -\varepsilon_0\,\varepsilon_{\mathrm{S}}\,E_{\mathrm{S}}$$

$$= \mp\frac{\sqrt{2}\,\varepsilon_0\,\varepsilon_{\mathrm{S}}\,k_{\mathrm{B}}T}{qL_{\mathrm{D}}}\left\{\left(e^{-\frac{q\phi_{\mathrm{S}}}{k_{\mathrm{B}}T}}+\frac{q}{k_{\mathrm{B}}T}\phi_{\mathrm{S}}-1\right)+\frac{n_{\mathrm{p}0}}{p_{\mathrm{p}0}}\left(e^{\frac{q\phi_{\mathrm{S}}}{k_{\mathrm{B}}T}}-\frac{q}{k_{\mathrm{B}}T}\phi_{\mathrm{S}}-1\right)\right\}^{\frac{1}{2}}$$

$$(4.40)$$

と与えられる．**図 4.11** に，式 (4.40) の表面電荷密度 Q_{S} の絶対値と表面ポテンシャル ϕ_{S} の関係を示した．図において ϕ_{S} が負の領域は蓄積状態に相当し Q_{S} は正孔に起因する正電荷の面密度である．ϕ_{S} が 0 から ϕ_{F} までの間は空乏状態に相当し Q_{S} はアクセプタイオンに起因する負電荷の面密度に支配される．ϕ_{S} が ϕ_{F} よりも大きい領域は反転状態に相当する．

前節の図 4.10 において空乏近似を使用した場合の C–V 曲線を示した．本節では厳密解から C–V 曲線を求めてみよう．空乏層が形成する可変容量 C_{S} は ϕ_{S} に対して変化するため

$$C_{\mathrm{S}} = \left|\frac{dQ_{\mathrm{S}}}{d\phi_{\mathrm{S}}}\right| \tag{4.41}$$

に従って求める必要がある．式 (4.40)，(4.41) から

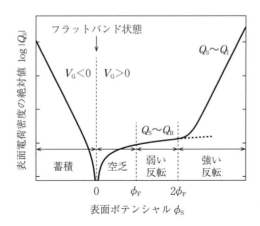

図 4.11 p形半導体の表面電荷密度と表面ポテンシャルの関係

$$C_S = \left| \frac{\varepsilon_0 \varepsilon_S \left\{ \left(1 - e^{-\frac{q\phi_S}{k_B T}}\right) + \frac{n_{p0}}{p_{p0}} \left(e^{\frac{q\phi_S}{k_B T}} - 1\right) \right\}}{\sqrt{2} L_D \left\{ \left(e^{-\frac{q\phi_S}{k_B T}} + \frac{q}{k_B T}\phi_S - 1\right) + \frac{n_{p0}}{p_{p0}}\left(e^{\frac{q\phi_S}{k_B T}} - \frac{q}{k_B T}\phi_S - 1\right) \right\}^{\frac{1}{2}}} \right| \quad (4.42)$$

が得られる。この式を使って容量 $C(=dQ_M/dV_G)$ を計算した結果を図 4.10 に実線で示した。V_G が正の値のときに C/C_{ox} が 1.0 に向かって増加している。この理由は，反転層が形成されるとゲートの正電荷からの電気力線が反転層の伝導電子によって終端されるようになるからである。反転層の伝導電子密度が平衡状態の値となるような条件で C-V 測定を行うと実線の特性が得られる。表面ポテンシャル ϕ_S が 0 のときには半導体はフラットバンド状態となるが，このときの C_S は式 (4.42) の指数項を展開して整理すると

$$C_S = \frac{\varepsilon_0 \varepsilon_S}{L_D}\sqrt{1 + \frac{n_{p0}}{p_{p0}}} \approx \frac{\varepsilon_0 \varepsilon_S}{L_D} \quad (4.43)$$

と求められる。ここで $n_{p0}/p_{p0} \fallingdotseq 0$ と近似した。フラットバンド状態のときの MOS 容量 C は式 (4.27) より

$$C = \frac{C_{ox}}{1 + \frac{\varepsilon_{ox} L_D}{\varepsilon_S t_{ox}}} \quad (4.44)$$

と求められる。これはフラットバンド容量と呼ばれ，図4.10ではV_Gが0Vのときの容量Cが対応している。

4.4 フラットバンド電圧

ここまでは理想MOS構造について述べてきたが，現実のMOS構造においては以下の①〜③が及ぼす影響を考慮しなければならない。

① ゲート電極と半導体の仕事関数の差
② SiO_2膜中の電荷
③ SiO_2-半導体界面準位

実際のMOS構造では，これらの影響によってゲート電圧V_Gが0Vのときにも表面ポテンシャルϕ_Sが0ではなく，半導体表面のエネルギーバンドに曲がりが生じている。この半導体表面のエネルギーバンドをフラットにするために必要なゲート電圧のことをフラットバンド電圧（flat-band voltage）という。

図4.12（a）は，①のみを考慮した場合のアルミニウム-SiO_2-p形シリコン構造MOSキャパシタの平衡状態におけるエネルギーバンド模式図である。

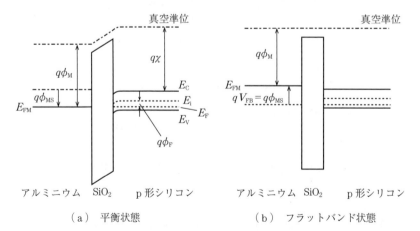

（a） 平衡状態　　　　　（b） フラットバンド状態

図4.12 アルミニウム-SiO_2-p形シリコン構造のMOSキャパシタのエネルギーバンド模式図

アルミニウム（Al）の仕事関数 $q\phi_M$ は $4.2\,\mathrm{eV}$ である。用いた p 形シリコンの室温におけるフェルミ準位 E_F と真空準位の差（仕事関数）$q\phi_{Si}$ が $4.9\,\mathrm{eV}$ であったとすると

$$\phi_{MS} = \phi_M - \phi_{Si} = -0.7\,\mathrm{V} \tag{4.45}$$

であり，フラットバンド電圧 V_{FB} として ϕ_{MS} をアルミニウム電極（ゲート電極）に印加するとエネルギーバンドは図（b）のようにフラットバンド状態となる。

図 4.13 は，ゲート電極から x_t の距離の SiO_2 膜中に面密度 σ の正電荷が存在するときの MOS キャパシタのエネルギーバンド模式図である。この場合のフラットバンド電圧 V_{FB} は次式で与えられる。

$$V_{FB} = -\frac{x_t}{\varepsilon_0 \varepsilon_{OX}} \sigma \tag{4.46}$$

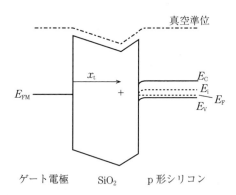

図 4.13 SiO_2 膜中に電荷が存在しているときの MOS キャパシタのエネルギーバンド模式図

フラットバンド電圧を考慮すると，しきい値電圧を与える式 (4.24) は次式のように修正される。

$$V_T = \frac{qN_A l_{D,\max}}{C_{OX}} + 2\phi_F + V_{FB} = \frac{t_{OX}}{\varepsilon_0 \varepsilon_{OX}}\sqrt{2\varepsilon_0 \varepsilon_S qN_A(2\phi_F)} + 2\phi_F + V_{FB}$$

$$\tag{4.47}$$

4.5　MOSFET の動作

図 4.14 に示すように，MOSFET は MOS キャパシタの横にソース（source）とドレイン（drain）を配した構造を有している。ゲート電極に高い電位を与えると p 形半導体表面において伝導電子が生成し反転層が形成されて ON 状態となる MOSFET を n チャネル MOSFET という。逆に，ゲート電極に低い電位を与えたときに n 形半導体表面において正孔が生成し反転層が形成されて ON 状態となる MOSFET を p チャネル MOSFET という。p 形または n 形半導体表面の反転層が形成される部分をチャネル（channel）と呼ぶ。一般にチャネルの寸法について，チャネル長を L，チャネル幅を W で表す。

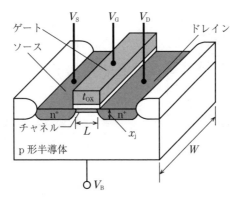

図 4.14　n チャネル MOSFET の鳥瞰図

MOSFET の動作を理解するために，例として，ソースとシリコン基板（ボディ）を接地し（$V_S=V_B=0$），正のゲート電圧 V_G と正のドレイン電圧 V_D を加えた状態の n チャネル MOSFET について考えよう。しきい値電圧 V_T よりも高いゲート電圧 V_G を加えると p 形半導体表面が強反転の状態となり，反転層が形成される。このときソースに対しドレインの電位が高いと，電子がソースからチャネルを通ってドレインに注入されドレイン電流 I_D が流れる。ドレイン電圧 V_D がゲート電圧 V_G に比べて十分小さいとき，反転層はゲートの下

のp形半導体表面のすべての領域で形成される。図 4.15 (a) はこの状態を表しており，この状態のnチャネル MOSFET の I_D-V_D 特性は図 (d) の線形領域にある。線形領域では，ドレイン電圧 V_D が増加するにつれてドレイン電流 I_D が増加する。

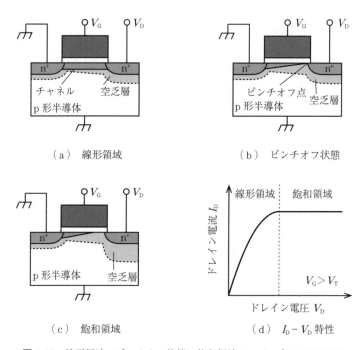

図 4.15　線形領域，ピンチオフ状態，飽和領域のnチャネル MOSFET

ドレイン電圧 V_D を大きくすると，チャネルのドレイン近傍の電位が高くなり，ゲートの電位 V_G との差が小さくなる。そして V_D と V_G の関係が

$$V_D = V_G - V_T \tag{4.48}$$

となったとき，p形半導体表面のドレイン近傍において反転状態が維持されなくなる。この状態をピンチオフ（pinch-off）状態といい，そのときのドレイン電圧をピンチオフ電圧という。図 (b) はこの状態を表している。

さらにドレイン電圧 V_D を高くするとピンチオフ点がソース側に移動し，ピンチオフ点からドレインまでは空乏層となってしまう。空乏層は抵抗が高いた

めドレイン電圧の大きな部分が空乏層に加わることとなる。すると V_D を高くしてもドレイン電流 I_D はほとんど増加しなくなる。図 (d) に示すようにドレイン電流は飽和して一定値となるので，この領域を飽和領域という。図 (c) は飽和領域の n チャネル MOSFET の状態を表している。

4.6 線形領域と飽和領域のドレイン電流

つぎに，n チャネル MOSFET のドレイン電流 I_D とゲート電圧 V_G，ドレイン電圧 V_D の関係を調べてみよう。チャネルに対して図 4.16 に示すように xy 座標を取ることにする。チャネルにおける x 方向の電界に比べて y 方向の電界が十分小さく，反転層がゲートの下の p 形半導体表面のすべての領域で形成されているとする。チャネル長 L が長くゲート電圧 V_G に比べてドレイン電圧 V_D が小さい場合がこの条件に相当する。

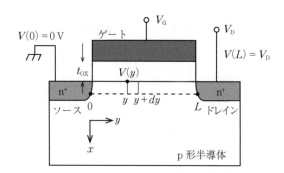

図 4.16 ソースとシリコン基板を接地した状態の n チャネル MOSFET

チャネルにおける伝導電子密度を n とし，ドレイン電圧 V_D を加えたことによってチャネルに生じる y 方向の電界を $\mathcal{E}_y$，位置 y の電位を $V(y)$ とすると，チャネルに流れる電流の密度 J_D は

$$J_D = qn\mu_n \mathcal{E}_y = qn\mu_n\left(-\frac{dV(y)}{dy}\right) \tag{4.49}$$

で与えられる。上式で μ_n は電子のチャネル移動度であり，ここではチャネル内で一定とする。式 (4.49) を x 方向について積分しチャネル幅 W を掛ける

84   4. MOSFET の動作原理

と，ドレインからソースに向かうドレイン電流 I_D は

$$I_\mathrm{D} = -WQ_\mathrm{I}\mu_\mathrm{n}\frac{dV(y)}{dy} \qquad (4.50)$$

と得られる。

チャネルにおける単位面積当りの反転層電荷 Q_I は式 (4.5) より

$$Q_\mathrm{I}(y) = Q_\mathrm{S} - Q_\mathrm{B} \qquad (4.51)$$

で与えられる。グラジュアルチャネル近似を使いチャネルの空乏層幅がドレイン電圧の影響を受けないとすると，チャネルの空乏層電荷 Q_B は式 (4.24) を用いて

$$Q_\mathrm{B} = -C_\mathrm{ox}(V_\mathrm{T} - 2\phi_\mathrm{F}) \qquad (4.52)$$

で与えられる。また式 (4.25) から

$$Q_\mathrm{S} = -C_\mathrm{ox}\{V_\mathrm{G} - \phi_\mathrm{S}(y)\} \qquad (4.53)$$

を得る。ここで $\phi_\mathrm{S}(y)$ はチャネルの表面ポテンシャルであり，x 方向の電界により生じる成分と $V(y)$ の和によって与えられる。ソースを接地した場合を考えているため，チャネルの $y=0$ の位置では $V(0)=0$ である。チャネルでは強い反転が起こっているため $y=0$ において $\phi_\mathrm{S}(0)=2\phi_\mathrm{F}$ とすると，位置 y では $\phi_\mathrm{S}(y) = 2\phi_\mathrm{F} + V(y)$ であり，式 (4.53) は

$$Q_\mathrm{S} = -C_\mathrm{ox}\{V_\mathrm{G} - 2\phi_\mathrm{F} - V(y)\} \qquad (4.54)$$

となる。それゆえ，式 (4.51)，(4.52)，(4.54) から

$$Q_\mathrm{I}(y) = -C_\mathrm{ox}\{V_\mathrm{G} - V_\mathrm{T} - V(y)\} \qquad (4.55)$$

が得られ，式 (4.55) を式 (4.50) に代入すると

$$I_\mathrm{D} = WC_\mathrm{ox}\{V_\mathrm{G} - V_\mathrm{T} - V(y)\}\mu_\mathrm{n}\frac{dV(y)}{dy} \qquad (4.56)$$

が得られる。上式の両辺を $y=0$ から L まで積分すると，電流連続の条件から I_D が任意の y において等しいため

$$\begin{aligned}
I_\mathrm{D}\int_0^L dy &= \int_0^L WC_\mathrm{ox}\{V_\mathrm{G} - V_\mathrm{T} - V(y)\}\mu_\mathrm{n}\frac{dV(y)}{dy}\,dy \\
&= \int_0^{V_\mathrm{D}} WC_\mathrm{ox}\{V_\mathrm{G} - V_\mathrm{T} - V(y)\}\mu_\mathrm{n}\,dV \qquad (4.57)
\end{aligned}$$

4.6 線形領域と飽和領域のドレイン電流

となる。式 (4.57) の両辺の積分を実行して整理すると

$$I_\mathrm{D} = \frac{W}{L} \mu_\mathrm{n} \frac{\varepsilon_0 \varepsilon_\mathrm{OX}}{t_\mathrm{OX}} \left\{ (V_\mathrm{G} - V_\mathrm{T}) V_\mathrm{D} - \frac{1}{2} V_\mathrm{D}^2 \right\} \tag{4.58}$$

が得られる。ここで式 (4.1) を用いた。式 (4.58) は，反転層がソースとドレインの間のシリコン表面の全域で形成されている場合（すなわち線形領域）のドレイン電流を与える。

一方，ドレイン電圧 V_D が大きくなり

$$V_\mathrm{D} = V_\mathrm{G} - V_\mathrm{T} \tag{4.48}$$

のときピンチオフ状態となると式 (4.58) はもはや使えない。これは式 (4.58) がチャネルのどこにおいても反転層が形成されているという条件のもとに導出されたからである。式 (4.48) が成り立つとき

$$\frac{dI_\mathrm{D}}{dV_\mathrm{D}} = 0 \tag{4.59}$$

を満たしており，式 (4.58) のドレイン電流 I_D は最大値となる。ドレイン電流の最大値を $I_\mathrm{D,max}$ とすると，式 (4.58)，(4.48) から

$$I_\mathrm{D,max} = \frac{1}{2} \frac{W}{L} \mu_\mathrm{n} \frac{\varepsilon_0 \varepsilon_\mathrm{OX}}{t_\mathrm{OX}} (V_\mathrm{G} - V_\mathrm{T})^2 \tag{4.60}$$

が得られる。式 (4.60) は飽和領域のドレイン電流を与えている。図 4.17 (a) はエンハンスメント形の n チャネル MOSFET の I_D-V_D 特性（出力特性）を示している。図 (b) は飽和領域の I_D-V_G 特性（伝達特性）である。

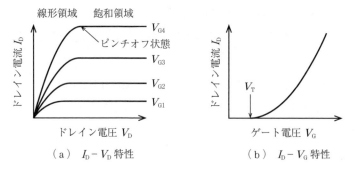

(a) I_D-V_D 特性　　　　(b) I_D-V_G 特性

図 4.17　エンハンスメント形の n チャネル MOSFET の I_D-V_D 特性（出力特性）と飽和領域の I_D-V_G 特性（伝達特性）

86   4. MOSFET の動作原理

MOSFET の性能指標として重要な相互コンダクタンス g_m は，以下の式で定義される。

$$g_m = \frac{\partial I_D}{\partial V_G}\bigg|_{V_D=-\rotatebox{0}{定}} \tag{4.61}$$

飽和領域の相互コンダクタンスは，上式と式（4.60）より

$$g_m = \frac{W}{L}\mu_n C_{ox}(V_G - V_T) \tag{4.62}$$

と得られる。g_m は MOSFET への入力（ゲート電圧）と出力（ドレイン電流）を関係づけ，アナログ増幅回路の増幅度を決定する重要な指標である。

4.7 MOSFET の種類

4.6 節まではソースとシリコン基板（ボディ）を接地（$V_S = V_B = 0$）し，正のゲート電圧 V_G と正のドレイン電圧 V_D を加えた n チャネル MOSFET について考えてきた。ここまでの説明でわかるように，MOSFET のドレイン電流はゲートとソースの電位差 V_{GS} およびドレインとソースの電位差 V_{DS} に支配される。**図 4.18**（a）に n チャネル MOSFET を ON 状態にするための条件と，ドレイン電流の流れる方向および，電子が移動する方向を描いた。図（b）に示したように，p チャネル MOSFET の動作についてはソースとボディに対するゲートとドレインの電位の相対関係を逆にすれば同様に考えることができる。p チャネル MOSFET では，ソースからドレインに向かってチャネルを移動するキャリヤは正電荷を持つ正孔であるから，正孔の移動する方向とドレイン電流の向きが一致している。

ここで，n チャネル MOSFET と p チャネル MOSFET のドレイン電流を表す式について整理しておこう。n チャネル MOSFET と p チャネル MOSFET のチャネル長をそれぞれ L_n，L_p，チャネル幅を W_n，W_p とし，しきい値電圧を V_{Tn}（>0），V_{Tp}（<0）とする。また，両者のゲート酸化膜の膜厚を t_{ox}，電子と正孔のチャネル移動度をそれぞれ μ_n，μ_p とする。このとき n チャネル

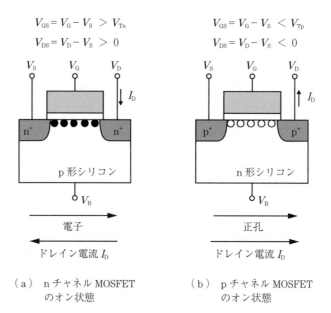

（a）nチャネル MOSFET のオン状態　　（b）pチャネル MOSFET のオン状態

図 4.18　nチャネル MOSFET と pチャネル MOSFET

MOSFET の線形領域と飽和領域におけるドレイン電流は

$$I_D = \frac{W_n}{L_n}\mu_n \frac{\varepsilon_0 \varepsilon_{OX}}{t_{OX}} \left\{ (V_{GS}-V_{Tn})V_{DS} - \frac{1}{2}V_{DS}^2 \right\} \quad (\text{線形領域}) \quad (4.63)$$

$$I_{D,max} = \frac{1}{2}\frac{W_n}{L_n}\mu_n \frac{\varepsilon_0 \varepsilon_{OX}}{t_{OX}} (V_{GS}-V_{Tn})^2 \quad (\text{飽和領域}) \quad (4.64)$$

と表される。p チャネル MOSFET の線形領域と飽和領域におけるドレイン電流は

$$I_D = -\frac{W_p}{L_p}\mu_p \frac{\varepsilon_0 \varepsilon_{OX}}{t_{OX}} \left\{ (V_{GS}-V_{Tp})V_{DS} - \frac{1}{2}V_{DS}^2 \right\} \quad (\text{線形領域}) \quad (4.65)$$

$$I_{D,max} = -\frac{1}{2}\frac{W_p}{L_p}\mu_p \frac{\varepsilon_0 \varepsilon_{OX}}{t_{OX}} (V_{GS}-V_{Tp})^2 \quad (\text{飽和領域}) \quad (4.66)$$

と書くことができる。

ここまでの説明では，ゲート電圧 V_G が 0 のときにドレイン電流 I_D が流れないノーマリーオフ（normally off）の MOSFET を扱ってきた。このような

88　　4.　MOSFET の動作原理

MOSFET はエンハンスメント形に分類される。一方，MOSFET を製造する過程で半導体表面にあらかじめ不純物をドープすることによって，ゲート電圧 V_G が 0 のときにもドレイン電流 I_D が流れるノーマリーオン（normally on）の MOSFET を作製することができる。このような特性を持つ MOSFET はデプレッション形に分類される。n チャネルと p チャネルの MOSFET のそれぞれにエンハンスメント形とデプレッション形があり，これら 4 種類の特性を**表4.1** に整理しておく。実際に使用される MOSFET は大部分がエンハンスメント形である。

表 4.1　4 種類の MOSFET の電気特性

	キャリア	基板	形	伝達特性 $(I_D\text{-}V_G)$	出力特性 $(I_D\text{-}V_D)$
n チャネル MOSFET	電子	p 形	エンハンスメント形〔ノーマリーオフ〕		
			デプレッション形〔ノーマリーオン〕		
p チャネル MOSFET	正孔	n 形	エンハンスメント形〔ノーマリーオフ〕		
			デプレッション形〔ノーマリーオン〕		

続いて **図 4.19** にエンハンスメント形 MOSFET の回路記号を示す。MOSFET の表記方法には 4 端子表記と 3 端子表記がある。多くの回路において n チャネル MOSFET のボディを接地し，p チャネル MOSFET のボディを電源電圧としており，その場合には 3 端子表記が使用される。

4.8 CMOS インバータ   89

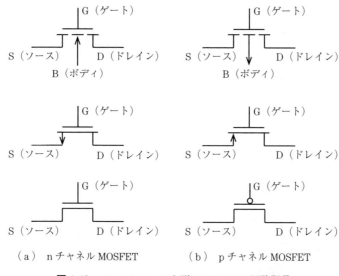

(a) nチャネル MOSFET   (b) pチャネル MOSFET

図 4.19 エンハンスメント形 MOSFET の回路記号

4.8 CMOS インバータ

nチャネル MOSFET（nMOSFET）とpチャネル MOSFET（pMOSFET）を相補的に利用する回路を CMOS 回路と呼ぶ。今日の LSI の大部分は CMOS 回路によって構成されている。本節では，CMOS 回路について理解するための入り口として，論理ゲートの中で最も単純な構造を有している CMOS インバータの動作を説明する。

論理否定を実行する NOT 論理ゲートはインバータ（inverter）とも呼ばれる。**図 4.20**（a）にインバータの論理記号を，図（b）にその論理動作を表す真理値表を示した。この真理値表の論理を一つのエンハンスメント形 nMOSFET と一つのエンハンスメント形 pMOSFET を用いて実現することができる。図（c）は CMOS インバータの回路図である。pMOSFET のソースには電源電圧 V_{DD} が加えられており，nMOSFET のソースは接地されている。入力端子は pMOSFET と nMOSFET の両方のゲートに接続されており，二つ

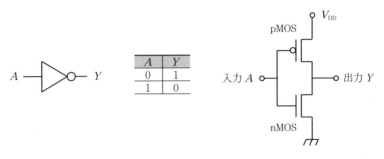

（a）論理記号　　（b）真理値表　　（c）CMOS インバータの回路図

図 4.20　インバータの論理記号と真理値表，回路図

のゲートに同時に入力電圧 V_i が与えられる．二つの MOSFET のドレインは出力端子に接続されており出力電圧 V_o を出力する．

図 4.21（a）は CMOS インバータの出力端子に負荷容量 C_L を接続した回路である．この回路の動作を確かめるために，例えば入力端子に 0 V が与えられたときを考えてみよう（すなわち $V_i=0$ V）．ここで $V_i=0$ V はインバータに $A=0$ が入力された状態に対応している．このとき nMOSFET が OFF 状態となり，pMOSFET が ON 状態となる．このため十分な時間が経った後では pMOSFET のドレインはソースと同じ電位 V_{DD} となる．論理回路では V_{DD} を論理 1 に対応させるため $Y=1$ が出力されたことになり，真理値表の 1 行目を実現できたことになる．入力端子に $V_i=V_{DD}$（$A=1$）を与えた場合は nMOSFET が ON，pMOSFET が OFF となり，$V_o=0$ V（$Y=0$）が出力される．

つぎにこの回路において，入力信号電圧 V_i が V_{DD}（$A=1$）から 0 V（$A=0$）に変化する過程について考える．まず nMOSFET を Q_n と呼ぶことにし，そのゲート-ソース間電圧を V_{GSn}，しきい値電圧を V_{Tn}（>0）とする．また pMOSFET を Q_p とし，そのゲート-ソース間電圧を V_{GSp}，しきい値電圧を V_{Tp}（<0）とする．図（b）は，CMOS インバータの入出力特性（voltage transfer curve）を示している．

① 最初 $V_i=V_{DD}$ であり，インバータは図（b）の領域①の状態にあると

4.8 CMOSインバータ

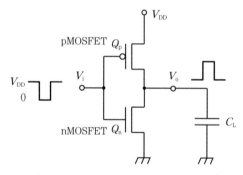

（a）CMOSインバータの出力端子に負荷容量 C_L を接続した回路

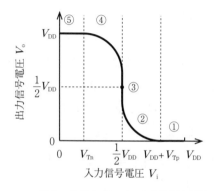

（b）CMOSインバータの入出力特性

図 4.21 CMOSインバータの動作

しよう．このとき両方の MOSFET のゲートに V_{DD} が加わっているため Q_n が ON，Q_p が OFF 状態であり，出力端子には $V_o=0\,\text{V}$（$Y=0$）が出力されている．負荷容量 C_L に蓄えられている電荷 Q_L は 0 C である．$V_{DSn}=0\,\text{V}$，$V_{GSn}=V_i=V_{DD}$ であるから $V_{DSn} \leq V_{GSn}-V_{Tn}$ の関係が成り立っており，Q_n は線形領域にある．

② V_i が V_{DD} から下降し $V_i \leq V_{DD}+V_{Tp}$（$V_{GSp}=V_i-V_{DD} \leq V_{Tp}$）となると Q_p が ON となる．このため領域②では Q_n，Q_p がともに ON 状態となり，Q_p にドレイン電流が流れ，負荷容量 C_L の蓄積電荷 Q_L が増加し始める．このとき Q_p のドレイン電圧は 0 V から上昇するが，ソース-ドレイ

92　　4. MOSFET の動作原理

ン間電圧 V_{DSp} は $|V_{DSp}| \geq |V_{GSp} - V_{Tp}| = |V_i - V_{DD} - V_{Tp}|$ の条件を満たしており Q_p は飽和領域で動作する。一方，$V_{DSn}(=V_o)$ は小さく，Q_n は線形領域で動作する。

③　繰り返し述べてきたように，$|V_{DSp}| \geq |V_{GSp} - V_{Tp}|$ の関係が成り立つとき Q_p は飽和領域で動作する。この関係式に $V_{DSp} = V_o - V_{DD}$ と $V_{GSp} = V_i - V_{DD}$ を代入すると $V_o - V_{DD} \leq V_i - V_{DD} - V_{Tp}$ と書き換えることができる。また，Q_n については $V_{DSn} \geq V_{GSn} - V_{Tn}$ の関係が成り立つときに飽和領域で動作する。$V_{DSn} = V_o$，$V_{GSn} = V_i$ をこの関係式に代入すると $V_o \geq V_i - V_{Tp}$ と書き換えられる。これらの式から，

$$V_o + V_{Tp} \leq V_i \leq V_o + V_{Tn} \tag{4.67}$$

を得る。すなわち V_i と V_o が式（4.67）を満足するとき，Q_n，Q_p 共に飽和領域で動作する。$V_i = V_o$ であるときの V_i を論理しきい値電圧と呼び，このときも式（4.67）が満たされるため Q_n，Q_p は飽和領域で動作する。

論理しきい値電圧 V_{inv} は，Q_n と Q_p のドレイン電流の大きさが等しいという次式の条件から求めることができる。

$$\frac{1}{2} \frac{W_n}{L_n} \mu_n \frac{\varepsilon_0 \varepsilon_{OX}}{t_{OX}} (V_{GSn} - V_{Tn})^2 = \frac{1}{2} \frac{W_p}{L_p} \mu_p \frac{\varepsilon_0 \varepsilon_{OX}}{t_{OX}} (V_{GSp} - V_{Tp})^2 \tag{4.68}$$

ここで，Q_n と Q_p のチャネル長をそれぞれ L_n，L_p，チャネル幅を W_n，W_p とし，ゲート酸化膜の膜厚を t_{OX} とした。μ_n は電子のチャネル移動度，μ_p は正孔のチャネル移動度である。Q_n と Q_p の利得係数を β_n，β_p とし，以下のように定義する。

$$\beta_n = \frac{W_n}{L_n} \mu_n \frac{\varepsilon_0 \varepsilon_{OX}}{t_{OX}} \tag{4.69}$$

$$\beta_p = \frac{W_p}{L_p} \mu_p \frac{\varepsilon_0 \varepsilon_{OX}}{t_{OX}} \tag{4.70}$$

$V_{GSn} = V_i$ と $V_{GSp} = V_i - V_{DD}$ および，式（4.69），（4.70）を式（4.68）に代入すると

$$\frac{1}{2} \beta_n (V_i - V_{Tn})^2 = \frac{1}{2} \beta_p (V_i - V_{DD} - V_{Tp})^2 \tag{4.71}$$

を得る。この式を V_i について解くと

$$V_i = \frac{V_{DD} + V_{Tp} + \sqrt{\beta_n/\beta_p}\,V_{Tn}}{1 + \sqrt{\beta_n/\beta_p}} \tag{4.72}$$

となる。この式には V_o が含まれておらず，式 (4.67) が成り立つ範囲において V_i が V_o に依らず一定となる。また V_i が式 (4.72) で与えられる間に $V_i = V_o$ となるため，論理しきい値電圧 V_{inv} は

$$V_{inv} = \frac{V_{DD} + V_{Tp} + \sqrt{\beta_n/\beta_p}\,V_{Tn}}{1 + \sqrt{\beta_n/\beta_p}} \tag{4.73}$$

で与えられる。Q_n と Q_p が $V_{Tn} = -V_{Tp}$ と $\beta_n = \beta_p$ という条件を満たすとき，論理しきい値電圧は

$$V_{inv} = \frac{1}{2}V_{DD} \tag{4.74}$$

となる。

④　この領域では $|V_{DSp}| = |V_o - V_{DD}|$ が小さくなり $|V_{DSp}| \leq |V_{GSp} - V_{Tp}|$ が成立するため，Q_p は線形領域で動作する。$V_{DSn}(=V_o)$ は V_{DD} に近い値となっており，Q_n は飽和領域で動作する。

⑤　$V_i < V_{Tn}$ となると Q_n は OFF 状態となる。Q_p は ON 状態であり $V_{DSp} = 0\,\mathrm{V}$ であるから線形領域で動作する。出力端子には $V_o = V_{DD}$（$Y=1$）が出力される。負荷容量の蓄積電荷は $Q_L = C_L V_{DD}$ となる。

4.9　比例縮小則

過去 40 年余りにわたり CMOS 回路では，設計寸法を縮小することで回路性能が向上し，製造コストが減少してきた。本節では，比例縮小則に従って設計寸法を変更したときに CMOS インバータの性能がどのように変化するかを理解する。

1974 年に Robert H. Dennard らは MOSFET の構造設計に関する比例縮小則（スケーリング則）を発表した[1]。その概要は，比例縮小則に従って CMOS 回

94　　4. MOSFET の動作原理

路の設計基準を変更すると，回路性能が動作速度と消費電力の両面において向上するというものである。最初に，比例縮小則に従って MOSFET の寸法や電圧，不純物密度といったパラメータを変化させた場合の MOSFET の特性について調べてみよう。

現世代の MOSFET の寸法として，チャネル長を L，チャネル幅を W，ソースとドレインの深さ（接合深さ）を x_j，ゲート酸化膜の膜厚を t_{ox} とする。また MOSFET のシリコン基板中のドナーイオン密度を N_D，アクセプタイオン密度を N_A，伝導電子密度を n，正孔密度を p とする。さらにゲートとソース，ドレイン，ボディ（シリコン基板）にそれぞれ電圧 V_G, V_S, V_D, V_B が加えられているとする。最後にしきい値電圧を V_T とする。

1970 年代から 2010 年代に至るまで，最先端 CPU の設計基準は約 2 年ごとに約 0.7 倍（約 1/1.4）に縮小されてきた。そこで，2 年後の次世代の MOSFET の寸法 L', W', x_j', t_{ox}' を現世代 MOSFET の各寸法の $1/\kappa$ 倍に縮小するとする。

$$L' = \frac{L}{\kappa}, \qquad W' = \frac{W}{\kappa}, \qquad x_j' = \frac{x_j}{\kappa}, \qquad t_{ox}' = \frac{t_{ox}}{\kappa} \qquad (4.75)$$

同様に次世代 MOSFET のゲート電圧 V_G' とソース電圧 V_S'，ドレイン電圧 V_D'，ボディ電圧 V_B' を現世代 MOSFET の各電圧の $1/\kappa$ 倍に小さくする。

$$V_G' = \frac{V_G}{\kappa}, \qquad V_S' = \frac{V_S}{\kappa}, \qquad V_D' = \frac{V_D}{\kappa}, \qquad V_B' = \frac{V_B}{\kappa} \qquad (4.76)$$

また，次世代 MOSFET の不純物イオン密度 N_D', N_A' とキャリヤ密度 n', p' を現世代 MOSFET の各密度の κ 倍とする。

$$N_D' = \kappa N_D, \qquad N_A' = \kappa N_A, \qquad n' = \kappa n, \qquad p' = \kappa p \qquad (4.77)$$

ボディ電圧が 0 V の場合の MOSFET のしきい値電圧 V_T は式 (4.24) によって与えられるが，ボディに電圧 V_B を加えた場合の V_T は

$$V_T = \frac{t_{ox}}{\varepsilon_0 \varepsilon_{ox}} \sqrt{2 \varepsilon_0 \varepsilon_S q N_A (2\phi_F + V_{SB})} + 2\phi_F \qquad (4.78)$$

と修正される。V_{SB} はソース-基板間バイアスである。この式を用いると次世代 MOSFET のしきい値電圧 V_T' は

$$V_T' = \frac{t_{OX}}{\kappa\,\varepsilon_0\,\varepsilon_{OX}} \sqrt{2\,\varepsilon_0\,\varepsilon_S\,q\kappa N_A\left(2\phi_F' + \frac{V_{SB}}{\kappa}\right)} + 2\phi_F' \sim \frac{V_T}{\kappa} \qquad (4.79)$$

と近似でき，現世代のしきい値電圧の約 $1/\kappa$ 倍とおくことができる．上式で ϕ_F' は次世代 MOSFET のシリコン基板のフェルミポテンシャルである．

結局，次世代 MOSFET のドレイン電流 I_D' は式（4.63）より

$$I_D' = \frac{W/\kappa}{L/\kappa}\mu_n\frac{\varepsilon_0\,\varepsilon_{OX}}{t_{OX}/\kappa}\left\{\left(\frac{V_{GS}}{\kappa} - \frac{V_T}{\kappa}\right)\frac{V_{DS}}{\kappa} - \frac{1}{2}\left(\frac{V_{DS}}{\kappa}\right)^2\right\} = \frac{I_D}{\kappa} \qquad (4.80)$$

となる．

ではつぎに，2段インバータの動作を例にとって比例縮小則の効果を調べよう．図 4.22 は CMOS インバータを2段接続した回路である．1段目と2段目のインバータの論理しきい値電圧をともに $V_{DD}/2$ とする．図 4.23 は，1段目

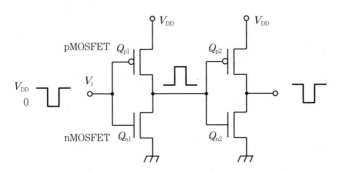

図 4.22　2段の CMOS インバータの動作

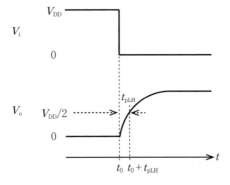

図 4.23　理想的な矩形波の入力信号が与えられた場合の出力電圧の様子

96   4. MOSFET の動作原理

のインバータの入力端子に理想的な矩形波の信号を与えたときの1段目のインバータの出力電圧の様子を示している。時刻 $t=t_0$ において L レベルの入力を受けたインバータが次段のインバータに H レベルを伝達するまでの遅延時間は，論理しきい値電圧を $V_{DD}/2$ としたので，図 4.23 に示した t_{pLH} で近似される。

図 4.23 に示すように，$t<t_0$ において1段目のインバータに $V_i=V_{DD}$ が入力されており，1段目のインバータの nMOSFET（Q_{n1}）が ON，pMOSFET（Q_{p1}）が OFF であったとする。このとき1段目のインバータの出力電圧 V_o は0Vである。この状態では Q_{n2} と Q_{p2} のゲートに蓄積されている電荷も0Cである。つぎに，1段目のインバータの入力電圧 V_i が $t=t_0$ において V_{DD} から0Vに急峻に変化したとする。1段目のインバータでは Q_{n1} が OFF となり，Q_{p1} が ON に変化する。Q_{p1} のドレイン電流が流れ，2段目のインバータの Q_{n2} と Q_{p2} のゲートに電荷が蓄積される。このことによって Q_{n2} と Q_{p2} のゲートの電位 V_{G2} が上昇する。V_{G2} が論理しきい値電圧 $V_{DD}/2$ を超えると2段目のインバータの出力が反転し急速に0Vに近づく。V_{G2} は最終的には V_{DD} となり，2段目のインバータの出力は0Vで安定となる。

ここで Q_{n1} と Q_{n2} のチャネル長をともに L_n，チャネル幅を W_n とし，Q_{p1} と Q_{p2} のチャネル長を L_p，チャネル幅を W_p とする。また四つの MOSFET のゲート酸化膜の膜厚を t_{ox}，電子と正孔のチャネル移動度をそれぞれ μ_n，μ_p とする。$t=t_0$ において入力電圧 V_i が V_{DD} から0Vに変化した直後は，2段目のインバータの Q_{n2} と Q_{p2} のゲートに電荷はほとんど蓄積されておらず，ゲート電位 V_{G2} は約0Vである。すなわち Q_{p1} のドレイン電圧も約0Vであり，Q_{p1} は飽和領域で動作する。このとき，Q_{p1} のドレイン電流 $I_{D,max}$ は式（4.66）より

$$I_{D,max} = -\frac{1}{2}\frac{W_p}{L_p}\mu_p\frac{\varepsilon_0\,\varepsilon_{ox}}{t_{ox}}(-V_{DD}-V_{Tp})^2 \tag{4.81}$$

である。また，Q_{n2} と Q_{p2} のゲート容量の和を C_L とすると

$$C_L = \frac{\varepsilon_0\,\varepsilon_{ox}}{t_{ox}}(L_nW_n+L_pW_p) \tag{4.82}$$

であり，V_{G2} が論理しきい値電圧 $V_{DD}/2$ に達したときに Q_{n2} と Q_{p2} のゲートに蓄積される電荷は

$$Q_{inv} = \frac{1}{2} C_L V_{DD} \tag{4.83}$$

である。それゆえ，t_{pLH} は粗い近似ではあるが

$$t_{pLH} = \frac{Q_{inv}}{-I_{D,max}} = -\frac{C_L V_{DD}}{2 I_{D,max}} \tag{4.84}$$

と得られる。

つぎに，比例縮小則に従って四つの MOSFET の各寸法を $1/\kappa$ 倍に縮小しよう。

$$L_n' = \frac{L_n}{\kappa}, \qquad W_n' = \frac{W_n}{\kappa}, \qquad L_p' = \frac{L_p}{\kappa}, \qquad W_p' = \frac{W_p}{\kappa}, \qquad t_{ox}' = \frac{t_{ox}}{\kappa} \tag{4.85}$$

このとき，縮小後のゲート容量は

$$C_L' = \frac{\varepsilon_0 \varepsilon_{ox}}{t_{ox}'}(L_n' W_n' + L_p' W_p') = \frac{1}{\kappa} C_L \tag{4.86}$$

となる。V_{DD} と V_{Tp} も $1/\kappa$ 倍とすると

$$t_{pLH}' = -\frac{\dfrac{1}{\kappa} C_L \dfrac{1}{\kappa} V_{DD}}{\dfrac{2 I_{D,max}}{\kappa}} = \frac{t_{pLH}}{\kappa} \tag{4.87}$$

となり，遅延時間が $1/\kappa$ 倍に短くなる。入力信号が L レベルから H レベルへ変化する場合についても同様の結果を得るので，CMOS インバータの伝搬遅延時間はおよそ $1/\kappa$ 倍に短くなる。この結果，応答周波数は κ 倍となり高速動作が可能となる。スケーリング比 κ と各パラメータの関係を表 4.1 にまとめておく。消費電力は $1/\kappa^2$ 倍と低くでき，単位面積当りに作製できる MOSFET の数（集積度）は κ^2 倍に増加する。

以上のように理想的な比例縮小則に沿って MOSFET の微細化を進めることができれば，集積回路の性能を動作速度・消費電力・集積度のすべての観点で向上させることができる。また 1 章で述べたように，微細化によって集積回路

98   4. MOSFET の動作原理

の製造コストを大きく低減できる。実際には理想的な比例縮小則を実現することは一部困難であったが，集積回路の微細化によって性能が向上しかつ，製造コストを下げることができるため，長期にわたり継続的に"微細化"が追及されてきた。その結果，1970 年頃からの約 30 年間でチャネル長 L やゲート絶縁膜の厚さ t_{ox} などの寸法は約 1/100 に縮小された。**表 4.2** のスケーリング比に基づくと集積度は約 10 000 倍に向上したこととなる。1 章の図 1.2 を見ると，概ねスケーリング比に従って集積度が向上してきたことが確認できる。ただし，電源電圧 V_{DD} のスケーリングはこの間に 1/10 程度に留まっている。これらの数値に基づき応答周波数の変化を見積もると約 1 000 倍に向上したこととなる。一方，消費電力は約 1/10 という計算となる。

表 4.2　スケーリング比 κ と各パラメータの関係

パラメータ		スケーリング比
チャネル長	L	$1/\kappa$
チャネル幅	W	$1/\kappa$
ゲート絶縁膜膜厚	t_{ox}	$1/\kappa$
拡散層深さ	x_j	$1/\kappa$
アクセプタ濃度	N_A	κ
電　圧	V_D, V_G, V_T, (V_{DD})	$1/\kappa$
ドレイン電流	I_D	$1/\kappa$
負荷容量	C_L	$1/\kappa$
遅延時間	$t \propto C_L V_{DD}/I_D$	$1/\kappa$
応答周波数	$f \propto 1/t$	κ
消費電力	$P \propto f C_L V_{DD}{}^2$	$1/\kappa^2$
集積度（Tr 数）	n	κ^2

4.10　MOSFET における短チャネル効果

　ここまで説明してきたように，比例縮小則を考慮して集積回路は微細化されてきた。しかし，MOSFET のチャネル長 L を微細化すると短チャネル効果によって

① しきい値電圧 V_T が低下する（**図 4.24** 参照）

② サブスレッショルド特性が劣化する

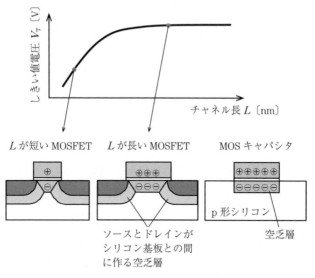

図 4.24 しきい値電圧 V_T とチャネル長 L の関係ならびに，MOS キャパシタと MOSFET における空乏層

③ ゲート電圧 $V_G=0$ V でもドレイン電流が流れる（パンチスルー現象）などの問題が発生する。

前述したようにソース・ドレインを有しない MOS キャパシタのしきい値電圧は式 (4.24) で与えられる。

$$V_T = -\frac{Q_B}{C_{ox}} + 2\phi_F \tag{4.24}$$

ここで，Q_B は単位面積当りの空乏層電荷であった。MOS キャパシタでは，空乏層電荷とゲートに誘起された電荷との間にのみ電気力線が生ずる。しかし MOSFET では，チャネルの両側に設けられたソースとドレインがシリコン基板との間に空乏層を形成しており，それらがチャネルの空乏層と結合する。そしてチャネルの端の空乏層の電荷の一部が，ソースとドレインの電荷から電気力線を受けることとなる。このためゲートで制御可能な Q_B が減少する。図 4.24 の MOS キャパシタでは，ゲートから電気力線を受けるアクセプタイオンが存在する空乏層の範囲を長方形で描いた。

100   4. MOSFET の動作原理

一方，MOSFET において同じ領域を台形として描いたのは上記の理由による。台形の面積について考えると，チャネル長 L を微細化したときに Q_B の減少が一層顕著となることがわかる。このような理由によって，短チャネルになるとしきい値電圧がチャネル長に依存して低下する。集積回路を製造する際に，シリコンウェーハ内のすべての MOSFET のチャネル長 L を全く同じ長さで作製することは不可能であり，L には分布がある。このため短チャネル効果が発生すると L のばらつきによってしきい値電圧のばらつきを招くことになる。その一方で，集積回路ではしきい値電圧がそろった MOSFET が必要であるため，短チャネル効果を防ぐことが重要である。短チャネル効果を抑制する方策としては，ソースとドレインの深さ（pn 接合深さ）を浅くすることと空乏層幅を狭くすることがある。これらを実現するためにソースとドレインにエクステンションを設け，シリコン基板の不純物の濃度と分布を最適化している。エクステンションを設けた MOSFET の構造とその作製方法については 5 章で説明する。

演 習 問 題

【4.1】 **問図 4.1** は MOS キャパシタのエネルギーバンド模式図である。（　）に当てはまる最も適切な語句を答えなさい。ただし，シリコンは接地されているものとする。

（1） 図のエネルギーバンド模式図は（ ア ）状態に対応している。

（2） 図の ① のキャリヤは（ イ ），② のキャリヤは（ ウ ）である。

（3） この MOS キャパシタのシリコンは（ エ ）形であり，不純物元素として（ オ ）がドープされている。その元素の最外殻電子の数は（ カ ）である。

（4） E_C は（ キ ）を示しており，E_V は（ ク ）を示している。

（5） 電子のエネルギーの分布は（ ケ ）の分布関数に従う。エネルギー E における占有確率 $f(E)$ は，T を絶対温度とすると以下の式のように記述される。ここで E_F は（ コ ）である。

$$f(E) = （ サ ）$$

（6） 金属（ゲート電極）に印加されている電圧の極性は（ シ ）である。

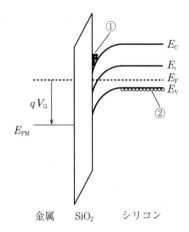

問図 4.1 MOS キャパシタの
エネルギーバンド模式図

(7) このエネルギーバンド構造を有する MOS キャパシタの金属（ゲート電極）に電圧 V_G〔V〕を加えたときに発生する空乏層の幅が l_D〔m〕，アクセプタ密度が N_A〔m^{-3}〕，電気素量が q〔C〕であるとき，半導体表面の単位面積当りの空乏層電荷 Q_B〔C/m^2〕は $Q_B=$（　ス　）と与えられる。

【4.2】 ポアソン方程式 (4.7) を解き，式 (4.8)，(4.9) を導出しなさい。

【4.3】 ガウスの定理を用いて式 (4.12) を導出しなさい。

【4.4】 式 (4.58) をドレイン電圧 V_D で微分し，ドレイン電流 I_D の極大値を求めなさい。

【4.5】 図 4.14 の nMOSFET においてソースとシリコン基板が接地されており，ゲートとドレインに各々電圧 V_G，V_D が印加されている。しきい値電圧を V_T，キャリヤの実効移動度を μ_n，真空誘電率を ε_0，ゲート絶縁膜の比誘電率を ε_{ox}，ゲート絶縁膜の膜厚を t_{ox} とする。飽和領域におけるドレイン電流 I_D とゲート電圧 V_G の関係式を記述しなさい。この nMOSFET において V_G，V_D が固定されているとして，大きなドレイン電流を得るための方策を列挙しなさい。

【4.6】 文中の（　）に当てはまる最も適切な語句を答えなさい。

　　p 形シリコン基板に形成した nMOSFET について考える。p 形シリコン基板には，負に帯電した（ A ）が分布し，通常は正電荷を持つ正孔も分布するため電気的中性が保たれている。p 形シリコン基板のフェルミ準位は（ A ）の密度によって決まる。シリコン基板を接地しゲート電極に正電圧 V_G を加えると，シリコン表面の電位が高くなり，シリコン表面から正孔が追い払われ空乏層が形成される。

102   4. MOSFET の動作原理

ゲート電極の正電圧 V_G を高くすると，シリコン表面の電位がさらに高くなり，少数キャリヤである電子がシリコン表面に生成するようになる。シリコン表面の伝導電子が多数存在している領域を（ B ）という。この状態では，ゲート電圧 V_G が増加したときに（ B ）内の伝導電子が増加する。ゲート電圧 V_G が増加したときに増加したゲート電極からの電束（電気力線）は，ほとんどが増加した伝導電子によって終端される。ドレイン電圧がゲート電圧に比べて十分小さいときは，（ B ）はゲート下に均一に形成される。線形領域がこの状態に対応する。ドレイン電圧が増加すると，ドレインと基板（p形）の間の逆方向電圧が増加し，このために（ C ）が広がる。ドレイン近傍のチャネルでは電位が上がり，ゲートの電位との電位差が小さくなる。このため（ B ）が維持されなくなる。この現象を（ D ）といい，そのときのドレイン電圧を（ D ）電圧という。

【4.7】 p形シリコン基板を用いて作製した MOS 構造に関する以下の問に答えなさい。ただし，周囲温度は 300 K，p形シリコン基板は(100)面方位であり，そのアクセプタ密度は $1.5\times10^{16}\,\mathrm{cm^{-3}}$ とする。ゲート酸化膜は膜厚 100 nm の SiO_2 膜である。SiO_2 膜中の電荷と界面準位の密度は無視できるほど小さく，ゲート電極のフェルミ準位 E_{FM} は p形シリコン基板のフェルミ準位 E_F と一致しているとする。計算には以下の物理定数と物性値を用いなさい。

ボルツマン定数 $k_B=1.381\times10^{-23}\,\mathrm{J\cdot K^{-1}}=8.617\times10^{-5}\,\mathrm{eV\cdot K^{-1}}$

真空中の電子の質量 $m_0=9.109\times10^{-31}\,\mathrm{kg}$

電気素量 $q=1.602\times10^{-19}\,\mathrm{C}$

シリコンの電子親和力 $q\chi=4.05\,\mathrm{eV}$

シリコンの禁制帯幅（エネルギーギャップ）$E_G=1.12\,\mathrm{eV}$

真空の誘電率 $\varepsilon_0=8.854\times10^{-12}\,\mathrm{F/m}$

シリコンの比誘電率 $\varepsilon_S=11.9$

真性キャリヤ密度 $n_i=1.45\times10^{16}\,\mathrm{m^{-3}}$

（1） 蓄積状態において MOS 構造が形成する単位面積当りの容量 C_{ox} を求めなさい。

（2） フェルミポテンシャル ϕ_F を求めなさい。

（3） p形シリコン基板のフェルミ準位 E_F を求めなさい。

（4） 最大空乏層幅 $l_{D,max}$ を求めなさい。

（5） 反転しきい値電圧 V_T を求めなさい。

（6） $V_G=V_T$ におけるエネルギーバンド模式図を，1 mm 方眼のグラフ用紙に描きなさい。ただし SiO_2 の伝導帯の下端のエネルギーを $-0.85\,\mathrm{eV}$，禁制帯幅を 9 eV とする。

引用・参考文献　　103

【4.8】　現世代の MOSFET の寸法としてチャネル長を L，チャネル幅を W，ソース
とドレインの深さを x_j，ゲート酸化膜の膜厚を t_{ox} とする。また MOSFET のシリ
コン基板中のドナーイオン密度を N_D，アクセプタイオン密度を N_A とする。
MOSFET のゲートとソース，ドレイン，シリコン基板には電圧 V_G，V_S，V_D，V_B
が加えられている。しきい値電圧は V_T である。

つぎに，次世代の MOSFET の寸法 L'，W'，x_j'，t_{ox}' を現世代 MOSFET の各
寸法の $1/\kappa$ 倍に縮小するとする。

$$L' = \frac{L}{\kappa}, \qquad W' = \frac{W}{\kappa}, \qquad x_j' = \frac{x_j}{\kappa}, \qquad t_{ox}' = \frac{t_{ox}}{\kappa}$$

同様に次世代 MOSFET の不純物イオン密度 N_D'，N_A' を現世代 MOSFET の各密
度の κ 倍とする。

$$N_D' = \kappa N_D, \qquad N_A' = \kappa N_A$$

（1）　このとき，次世代 MOSFET のゲート容量 C_L' は現世代の MOSFET のゲー
ト容量 C_L の何倍となるかを求めなさい。

（2）　次世代 MOSFET のゲート電圧 V_G' とソース電圧 V_S'，ドレイン電圧 V_D'，
ボディ電圧 V_B' と現世代 MOSFET の各電圧の間に

$$V_G' = \frac{V_G}{\kappa}, \qquad V_S' = \frac{V_S}{\kappa}, \qquad V_D' = \frac{V_D}{\kappa}, \qquad V_B' = \frac{V_B}{\kappa}$$

が成り立つとする。次世代 MOSFET の飽和領域におけるドレイン電流 $I_{D.max}'$
が現世代のドレイン電流 $I_{D.max}$ の何倍となるかを求めなさい。ただし，次世代
MOSFET のしきい値電圧 V_T' は V_T の $1/\kappa$ 倍と近似できるとする。

（3）　比例縮小則に従って電源電圧 V_{DD} が $1/\kappa$ となり，伝搬遅延時間が $1/\kappa$ 倍に
短くなったとき，消費電力は何倍となるか求めなさい。

引用・参考文献

1)　R H Dennard, F H Gaensslen, VL Rideout, E Bassous, AR LeBlanc："Design of
ion-implanted MOSFET's with very small physical dimensions", IEEE Journal of
Solid-State Circuits sc-9, 5, pp. 256-268 (Oct. 1974)

LSI 製造プロセス

　ここまで述べてきたように，大規模集積回路（LSI）の性能を向上させ製造コストを低減するためには，回路寸法を縮小することが有効である。このため，MOSFETなどの回路素子や配線を微細化するための微細加工技術について多くの研究開発がなされ，この分野の技術が著しく進歩した。また，LSI の分野で培われた微細加工技術は他産業 — 例えば，太陽電池や各種表示装置（テレビジョンやスマートフォンなどのディスプレイ），MEMS（Micro Electro Mechanical Systems），センサなど — にも広く普及した。微細加工技術は現在も LSI の発展を支えており，その進歩のスピードは速い。このため本章ではさまざまな微細加工技術の原理に焦点を当てることにする。最初に LSI ができるまでの流れを概観し，微細加工のための個々の要素技術について説明した後，それらがどのように用いられるかを理解するために，LSI 製造プロセスの基本的なフローについて説明する。LSI にはさまざまな種類があり，種類ごとに製造プロセスが異なっている。本章では SoC（論理 LSI）の製造プロセスを取り上げ，CMOS インバータが出来上がるまでのプロセスフローの例を紹介し，MOSFET を高性能化する技術と銅配線の形成方法についても解説を加える。最後にシリコン結晶の製造方法について説明する。

5.1　LSI ができるまでの流れ

　LSI ができるまでの過程を図 5.1 に従って順を追って見てみよう。まず初期段階において，LSI が満足すべき仕様を決定する仕様設計を行う。LSI にどのような機能を持たせるか，搭載する MPU とメモリの規模，製品の性能（動作周波数や消費電力など），信頼性などが決められる。機能設計ではハードウェア記述言語（HDL：Hardware Description Language）で LSI の機能を記述す

図 5.1 LSI ができるまでの流れ

る。この段階で LSI を構成する論理ブロックを決め，全体の構成を定める。つぎに，機能を実現するための論理設計と回路設計を行う。論理ゲートなどを組み合わせて論理設計を行う場合や，MOSFET の寸法や性能から設計する場合がある。テスト設計では，製造した個々の LSI が仕様を満足しているかどうかや製品故障を効率的に検出することができる仕組みを回路に組み込む。さらにテストの内容と手順を定める。続いて，MOSFET や抵抗などの素子を接続してできたセル（論理要素）を配置するレイアウト設計を行う。

上記のような設計と並行して，LSI が目標性能を満たすように MOSFET や配線などの仕様を決定し，LSI の立体的な構造の設計を行う（デバイス構造設計）。合わせて，LSI を工場で製造するための手順であるプロセスフローを設計する。ちなみに製造工程数は多くの LSI で数百に及び，この点は単体のトランジスタ（ディスクリート・トランジスタ）や太陽電池の製造プロセスと大きく異なっている。つぎに，設計されたデバイス構造とプロセスフロー，レイアウトに基づいてフォトマスクが作製される。

フォトマスクが準備できたところで，あらかじめ開発された要素技術を用いてシリコンウェーハ上に回路を形成する。シリコンウェーハにはさまざまな種

106   5. LSI 製造プロセス

類があるが，先端の分野では直径 300 mm，厚さ 775 μm のウェーハを用いることが主流となっている。事前に設計したプロセスフローに従って，シリコンウェーハの洗浄→薄膜形成→フォトリソグラフィ→CMP→エッチング→イオン注入→熱処理などの工程を繰り返す。ウェーハプロセスが完了したところで，シリコンウェーハに形成された LSI の動作についてテストを行う。

　つぎに，シリコンウェーハの裏面を研磨して所望の厚さ（数十〜数百 μm）まで薄くする。動作テストで合格した LSI チップを選んで切り出し（ダイシング），パッケージに実装する。LSI チップとパッケージを電気的に接続するためにワイヤーボンディングを行い，LSI チップをパッケージに収め封止する。最後に，より複雑な回路動作と信頼性に関するテストを行い，合格した LSI が出荷される。これらの各ステップにおいて高度な技術が要求されるため，それぞれの分野を専門とする技術者が緊密に協力し合って LSI を製造している。

5.2　製造プロセスのフロー

　LSI は，シリコンウェーハの中に n 形と p 形シリコンの領域を形成し，導体・半導体・絶縁体の薄膜をさまざまな形状に加工することによって形作られている。**図 5.2** は，薄膜を所定のパターンに加工するプロセスを描いた模式図である。まず下地の表面を洗浄した後，薄膜を形成する（図 (a)）。フォトレジスト（以後，レジストと呼ぶ）を塗布した後，露光装置の中でフォトマスクを介して単波長の紫外光をレジストに照射する（図 (b)）。回路パターンが描かれたフォトマスクを通過した紫外光によってレジストが感光し，紫外光が当たった部分のレジストが化学変化を起こす。つぎに，レジストに対して現像処理を行うと，回路パターンの通りにレジストが残る（図 (c)）。この状態のシリコンウェーハをエッチング装置に入れ，装置内にエッチングガスを導入する（図 (d)）。エッチングガスをプラズマ状態にすることによって生成したラジカルによってレジストで保護されていない部分の薄膜をエッチングして取り除く。つぎにレジストを除去すると，フォトマスクの回路パターンを反映した形

5.2 製造プロセスのフロー

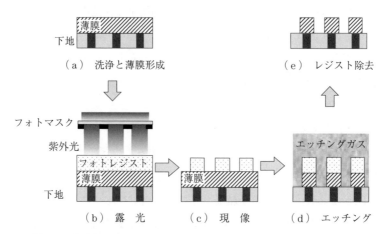

図 5.2 薄膜をフォトマスクに描いた回路パターンに加工するプロセス

状の薄膜が残ることとなる（図(e)）。

上記のようにフォトリソグラフィは，おもにレジスト塗布・露光・現像の3ステップからなっている。**図 5.3** はウェーハプロセスの流れを描いた模式図である。シリコンウェーハ上にLSIを完成するために数十枚のフォトマスクが必要であり，ウェーハ洗浄，薄膜形成，CMP，フォトリソグラフィ，エッチング，イオン注入，熱処理などの工程が繰り返される。

つぎに，nチャネルMOSFET（nMOSFET）を作製するプロセスを見てみ

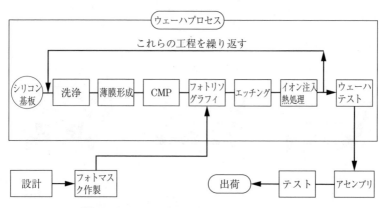

図 5.3 ウェーハプロセスの流れを描いた模式図

よう。ここでは理解を容易にするために比較的簡単な構造の MOSFET を例としている。まず図 5.4（a）に示すように，シリコンウェーハ表面にシリコン酸化膜（SiO$_2$）を埋め込み，素子分離領域を局所的に形成する。つぎに MOSFET のしきい値電圧を制御するため，シリコン表面にアクセプタとなる不純物元素（例えばボロン）をイオン注入法によりドープし，ドープした不純物元素を活性化するための熱処理を行う。続いてシリコン表面を洗浄した後，熱酸化することによってゲート酸化膜を形成する。つぎに図（b）に示すように，ゲート酸化膜の上に減圧 CVD 法（LPCVD：Low-Pressure Chemical Vapor Deposition）によって多結晶シリコン膜（ポリシリコン膜とも呼ぶ）を堆積し，フォトリソグラフィとエッチングによって多結晶シリコン膜のパターニングを行い，ゲート電極を形成する。つぎに図（c）のようにドナーとなる不純物元素（例えばひ素）をイオン注入法を用いてシリコンに注入する。このとき，ゲート電極と素子分離が形成されている領域では，注入された不純物元素がそれらの構造物の中で停止するためシリコンまで到達しない。このため

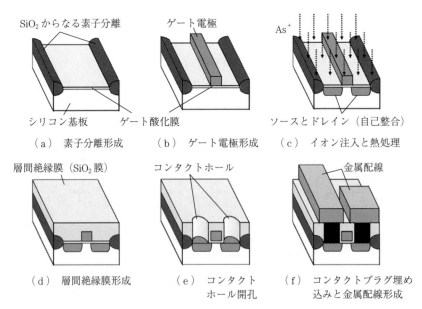

図 5.4 MOSFET 作製プロセスの例

ソース・ドレインとなる領域のシリコンにのみ不純物元素がドープされる。イオン注入の後，熱処理を施すことで不純物元素がシリコン原子と結合して活性化する。ソース・ドレインはゲート電極と素子分離に隣接して形成される。

以上のプロセスでは，フォトリソグラフィを使用せずに先に形成した構造物を利用することによって，つぎの構成物（この場合はソースとドレイン）を所定の位置に形成している。このような特徴を持つプロセスを自己整合（self-align）プロセスと呼ぶ。また，上記の熱処理によって多結晶シリコン膜に注入された不純物元素も同時に活性化され，多結晶シリコン膜はソース・ドレインと同様にn形シリコンとなる。

つぎに，図（d）に示すようにPECVD（Plasma-Enhanced Chemical Vapor Deposition）法を用いて層間絶縁膜（SiO_2膜）を堆積し，CMP（5.3.5項参照）を行ってSiO_2膜表面を平坦化する。図（e）のステップでは，フォトリソグラフィとエッチングによってコンタクトホールを開孔する。最後に図（f）に示すステップでは，チタン（Ti）と窒化チタン（TiN）の薄膜をスパッタリング法またはCVD法で堆積し，続いてタングステン膜をCVD法で堆積することによってコンタクトホールの内部に窒化チタン-チタン積層膜とタングステンを埋め込む。コンタクトホールの内部以外に堆積したタングステンおよび窒化チタン，チタンをCMPを行うことによって除去し，コンタクトプラグを完成する。その後，アルミニウム合金（AlSiCuまたはAlCu）などからなる金属配線を形成する。

5.3　要素プロセス技術

5.3.1　フォトリソグラフィ

本項ではまず，LSIの微細化をリードしてきたフォトリソグラフィ技術について概観する。フォトリソグラフィ工程では短波長の光を使ってフォトマスクのパターンをフォトレジストに焼き付ける。フォトレジストにはネガ型とポジ型がある。ネガ型は感光すると現像液に対して溶解性が低下する。現像後に露

光部分が残るため，フォトマスクの遮光部を反転したパターンが形成される。ポジ型は感光すると現像液に対して溶解性が増大し，現像処理によって露光部分が除去される。

図5.5はレンズ系の概念図である。光源を出てフォトマスクを通った光がレンズによってウェーハのフォトレジスト上に集光される。光の波長をλ，レンズの開口数をNAとするとき，解像度Rは次式によって与えられる。

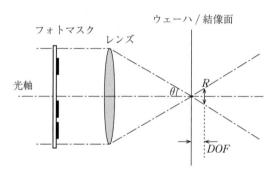

図5.5 レンズ系の概念図

$$R = k_1 \frac{\lambda}{NA} \tag{5.1}$$

ここで，比例係数k_1はプロセスファクタと呼ばれ，λとNA以外の要素がすべて含まれる。NAは媒質の屈折率をnとするとき次式によって与えられる。

$$NA = n \sin \theta \tag{5.2}$$

式（5.1）より，波長λが短くなると解像度が向上し，NAを大きくすることで解像度が向上することがわかる。プロセスファクタk_1を決める要因にはレジストプロセスやフォトマスク，超解像技術などがあり，次第に小さな値が実現できるようになっている。焦点深度DOF（Depth of Focus）は次式で与えられる。

$$DOF = k_2 \frac{\lambda}{(NA)^2} \tag{5.3}$$

k_2もプロセスファクタと呼ばれる比例係数である。ウェーハ表面に起伏があっても結像できる必要があるため，DOFが大きいことが求められる。しか

し，解像度を向上させるために短い波長 λ を選ぶと DOF は低下する．また，NA が大きいほど高い解像度が得られるが DOF は急激に低下する．

解像度を決定する大きな要因である露光波長と設計基準の変遷を図 5.6 に示す．以前は光源として，水銀の輝線である波長 436 nm の g 線，365 nm の i 線が使用された．その後，波長 248 nm の KrF エキシマレーザが用いられるようになり，つぎに波長 193 nm の ArF エキシマレーザが採用された．さらに液浸技術を採用した露光機が登場した．液浸露光は，光学系とウェーハの間を気体雰囲気から高屈折率の液体に置き換えて露光する技術であり，屈折率 n の媒質中での波長が λ/n となることを利用している．解像度は次式に従って $1/n$ 倍に向上する．

$$R = k_1 \frac{\lambda}{NA} = k_1 \frac{\lambda}{n \sin \theta} = k_1 \frac{\lambda/n}{\sin \theta} \tag{5.4}$$

媒質としては水が使用されている．露光波長における水の屈折率は 1.44 であり，水の中では光の波長が 1/1.44 となる．一方，LSI の微細化が急速に進み，設計基準が波長をはるかに追い越してしまった．このギャップを埋めるために

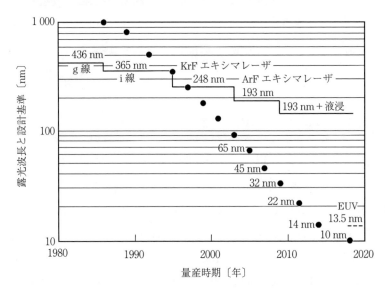

図 5.6 露光波長と設計基準の変遷

登場した技術が超解像技術である．しかし近年，光学技術の向上のみでは必要な寸法の微細パターンを妥当なコストで形成することができなくなり，後述するダブルパターニング技術が用いられるようになった．波長 13.5 nm の光源を用いる EUV（Extreme Ultraviolet）リソグラフィは，光源波長と設計基準の間のギャップに起因する多くの課題を解決できる可能性を有しており次世代技術として長く期待されてきたが，実用化の目途が立ち出している．

以下では，リソグラフィに関する個々の技術を見てみよう．超解像技術の一つにレベンソン型位相シフトマスク技術がある．フォトマスク（レチクル）上に遮光部が図 5.7（a）のように設けられているとする．フォトマスクを通過した光は回折現象によって広がり，ウェーハ上での光のエネルギー密度分布は図（a）のようになってしまう．図（b）のようにフォトマスクの一部に位相シフタを設け光の位相を変化させると，回折によって光が重なった場合も波の重ね合わせの原理によってエネルギー密度分布が狭くなり，解像度が向上する．

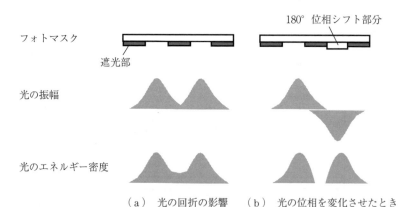

　　　　　　（a）光の回折の影響　　（b）光の位相を変化させたとき
　　　　　　　　図 5.7　レベンソン法による位相シフトマスク

図 5.8（a）～（d）は，光学近接効果補正（OPC：Optical Proximity Correction）を説明した図である．図（a）が所望の原形パターン（設計データ）であるとき，光の回折現象によって感光したフォトレジストのパターンは，図（b）のように仕上がってしまう．仕上がりのレジストパターンを原形パターンに近づけるには，OPC 処理を行って図（c）に示すように補助パターンを追

5.3 要素プロセス技術

(a) 設計データ　(b) ウェーハプロセス後のパターン　(c) OPC処理　(d) OPC処理によるパターンの適正化

図5.8 光学近接効果補正

加または削除したパターンデータを使用することが有効である。OPC処理を経たパターンデータを用いてフォトマスクを作製しリソグラフィを行うことで，図(d)のような設計データに近いパターンをウェーハ上に形成できる。光の回折や干渉は幾何光学に基づいて予測できるため，OPC処理は計算機との親和性が良い。

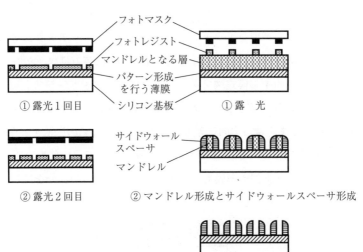

(a) ダブルエクスポージャ　(b) スペーサダブルパターニング

図5.9 ダブルパターニングの代表的な2方式

図5.9は，前述したダブルパターニングの代表的な2方式を示している。図（a）は露光を2回行う方式（ダブルエクスポージャ）であり，フォトマスクを二つ用意し露光を2回に分けて行うことにより微細パターンを解像する。図（b）は，スペーサダブルパターニングと呼ばれる方式の一例である。フォトリソグラフィでレジストをパターニングし，それをマスクとしてマンドレルを形成する。続いて薄膜をCVD法で堆積し異方性エッチングを行うことでサイドウォールスペーサを形成する。つぎにマンドレルを除去した後，サイドウォールスペーサをマスクとして下層の薄膜をエッチングし所望のパターンに加工する。この方式の特徴は露光が1回で済むことである。

5.3.2 ドライエッチング

固体（薄膜やシリコンウェーハ）の一部を気体または液体の原料との化学反応によって取り除く処理をエッチングと呼んでいる。エッチングは等方性エッチングと異方性エッチングに大別される。**図5.10**は等方性エッチングと異方性エッチングを説明する模式図である。この図ではフォトレジストをエッチングマスクとしている。等方性エッチングではエッチングガスまたは薬品溶液によるエッチングがあらゆる方向に等方的に進む。このため図に示すように，フォトレジストの開口部から侵入するガスや溶液によって開口部の直下だけでなく，フォトレジスト下部の薄膜もエッチングされる。この部分をアンダーカッ

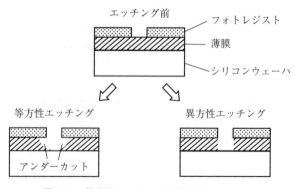

図5.10 等方性エッチングと異方性エッチング

トと呼ぶ．フォトレジスト端部のアンダーカットの大きさはエッチング時間とともに増加する．アンダーカットが発生するため，エッチング後の薄膜のパターン寸法がフォトレジストのパターン寸法から大きく変化してしまう．

異方性エッチングは，エッチングマスクに対し垂直な方向にエッチングが進むように反応を操作することにより達成され，真空チャンバ中で行なうドライエッチングが使用される．代表的なドライエッチング方式である RIE (Reactive Ion Etching) は以下のステップを経て進行する．①図 5.11 に示すように真空チャンバ内で RF（高周波）放電により反応ガスや不活性ガス（Arなど）のプラズマを発生させる．②プラズマ中で生成したラジカルがウェーハ表面に輸送され吸着する．③吸着したラジカルと薄膜（またはシリコンウェーハ）を反応させて揮発性の反応成生物を形成する．④反応成生物が表面から脱離し真空チャンバから排気される．⑤これらの過程とともにプラズマ中で生成した陽イオンがシースの電界で加速されてウェーハ表面に照射され，揮発性反応生成物を作る化学反応と離脱を促進させる．⑥イオン衝撃による損傷層の形成によっても化学反応が促進される．

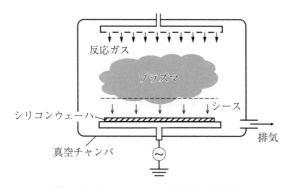

図 5.11　ドライエッチング装置の仕組み

陽イオンは電界で加速されてシリコンウェーハに照射されるため指向性を持っており，異方性を伴ったエッチングが可能となる．加えて異方性を得るために重要となるのが側壁保護膜の形成である．フォトレジストや反応生成物である不揮発性高分子物質（ポリマー）をスパッタリングして薄膜の側面に付着

116   5. LSI 製造プロセス

させると，ラジカルやイオンと薄膜側面との間の化学反応に対する保護膜となるためエッチングの異方性が現われる。

　エッチングガスとしては，フッ素や塩素，臭素といったハロゲン元素の化合物が主として用いられる。各種材料に対するエッチングガスを**表5.1**に示しておく。例えば，エッチング対象がシリコンウェーハや多結晶シリコン膜であってCF_4+O_2を使用する場合，放電プラズマによりCF_4ガス分子が解離し，生成したFラジカルがSi原子と結合してSiF_4を生成する。これが気体となって反応表面から脱離することによってエッチングが進行する。

表5.1 各種材料のエッチングガス

材　料	エッチングガス
Si	CF_4+O_2, SF_6, Cl_2, HBr
SiO_2	CF_4+H_2, CHF_3, C_2F_6, C_4F_8
Si_3N_4	CF_4+O_2, CHF_3, CH_2F_2
Al	Cl_2+BCl_3

5.3.3 薄 膜 形 成

LSIの製造過程ではさまざまな薄膜形成方法が用いられている。代表的な方法として

・熱酸化（thermal oxidation）法

・化学気相堆積（CVD：Chemical Vapor Deposition）法

・スパッタリング（sputtering）法

・原子層堆積（ALD：Atomic Layer Deposition）法

がある。

　ゲート絶縁膜や素子分離を形成する際には，シリコンの熱酸化によって形成されるシリコン酸化膜が用いられてきた。酸素（O_2）や水蒸気（H_2O）雰囲気の中でシリコン（Si）を高温に熱するとつぎの反応が起こってシリコン酸化膜（SiO_2膜）が形成される。酸化温度は$700 \sim 1100$℃程度である。

$$Si+O_2 \rightarrow SiO_2 \tag{5.5}$$

$$Si+2H_2O \rightarrow SiO_2+2H_2 \tag{5.6}$$

酸化は最初にシリコン表面で酸化種とシリコンが反応することで始まる。厚いシリコン酸化膜が成長した後は，形成されたシリコン酸化膜の表面に酸化種（O_2やH_2O）が吸着し，酸化膜の中を拡散した酸化種がシリコン酸化膜-シリコン界面近傍に達するとシリコンと反応してシリコン酸化膜を形成する。形成されるシリコン酸化膜は非晶質の状態であり，その体積は酸化されるシリコンの体積の約2.2～2.3倍となる。

図5.12に示すようにシリコン酸化膜には，界面準位や正の固定電荷，酸化膜中の点欠陥が作るトラップ準位，可動イオンが存在する場合がある。この中で界面準位とトラップ準位，可動イオンはMOSFETの信頼性を低下させる原因となる。このため，これらの発生機構や影響について多くの研究がなされてきた。界面準位については，その密度がシリコンウェーハの面方位に依存しており（100）面のときに最も低くなる。このためLSIの製造には通常（100）面のシリコンウェーハが用いられる。また，MOSFETを形成した後のシリコンウェーハを400～450℃の温度で水素（H_2）雰囲気中でアニールすることによって，界面に存在するシリコン未結合手を水素で終端して界面準位密度を低減している。

CVD（化学気相堆積）法は，ガス分子の化学反応を利用する薄膜形成方法である。図5.13に原料ガス分子から薄膜が堆積するまでの過程を示した。最

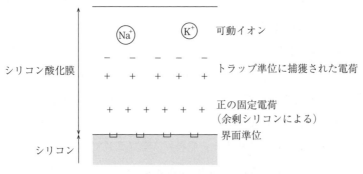

図5.12 シリコン酸化膜の界面準位と固定電荷，トラップ準位，可動イオン

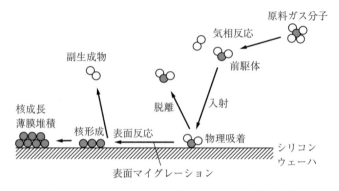

図 5.13 CVD 法において原料ガス分子から薄膜が堆積するまでの過程

　初に，シリコンウェーハを入れた反応容器内に原料ガス分子を供給する。原料ガス分子の気相反応によって前駆体（precursor）となる化学種（原子，分子，イオン，ラジカルなど）が生成し，その一部がシリコンウェーハ表面に入射し吸着する。化学種は表面に物理吸着した状態で動き回り（表面マイグレーション），エネルギー的に安定な場所において核を形成する（化学吸着状態）。この過程が繰り返されて核が薄膜へと成長する。この一方で，化学結合を形成することなく表面から脱離して再び気相中へ戻ってしまうものもある。表面に入射した数と表面に残留した数の比をその化学種の付着確率という。前駆体となる化学種の表面への入射流束と付着確率は，膜の成長速度を決定する複数のパラメータの中の一部である。

　上述した各過程の化学反応を引き起こすためにはエネルギーを必要とする。ヒーターやランプを用いてシリコンウェーハや原料ガス分子を加熱することによって熱エネルギーを与える方式を熱 CVD と呼び，その中で反応容器内の圧力を大気圧の近くに保って成膜する方法を常圧 CVD，反応容器内を低圧力にして成膜する方法を減圧 CVD と呼んでいる。これらの方法では一般に膜の成長速度が成膜温度に強く依存する。原料ガスをプラズマ状態にして反応エネルギーを与える方式は PECVD（Plasma Enhanced CVD）と呼ばれている。この方式では 400℃ 以下でも十分な成長速度を得ることができるため，シリコン

ウェーハを高温にすることができない工程で多く用いられている。

具体例として，減圧 CVD 法でシリコン窒化膜（Si_3N_4）を堆積する場合を見てみよう。原料ガスとして SiH_2Cl_2 と NH_3 が一般に使用され，成膜温度は 650～800℃ 程度，反応容器内の圧力は 40 Pa 程度である。700℃ で成膜する場合の前駆体は SiH_2Cl_2 と $SiCl_2$ と考えられている[1]。理想的な系での総括反応式は以下のとおりである。

$$3SiH_2Cl_2+4NH_3 \rightarrow Si_3N_4+6HCl+6H_2 \tag{5.7}$$

各種薄膜を熱 CVD 法で堆積する際に使用する原料ガスを**表 5.2** に示しておく。

表 5.2 各種薄膜を熱 CVD 法で堆積する際に使用する原料ガス

薄　膜	原料ガス	成膜方法の例
多結晶シリコン（Si）	SiH_4	600～650℃ での減圧 CVD 法
SiO_2	SiH_4+O_2，SiH_4+N_2O，$SiH_2Cl_2+N_2O$ TEOS，$TEOS+O_2$，$TEOS+O_3$	常圧 CVD 法，減圧 CVD 法
Si_3N_4	$SiH_2Cl_2+NH_3$	650～800℃ での減圧 CVD 法
タングステン（W）	WF_6+H_2，WF_6+SiH_4	350～500℃ での減圧 CVD 法

スパッタリング法は，電界で加速したイオン（例えば Ar^+）を固体材料に衝突させることによって固体材料を構成していた原子を放出させ，その原子をシリコンウェーハなどの表面に堆積させる成膜方法である。**図 5.14** にスパッタリング装置の模式図を示す。まず，真空チャンバ内で高周波の RF 放電によ

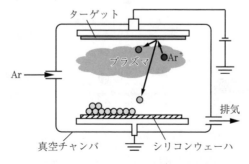

図 5.14 スパッタリング装置の模式図

り Ar などの不活性ガスのプラズマを発生させる。プラズマ中のイオン（Ar^+）が電界で加速されターゲットと呼ばれる固体材料に入射すると，イオンの運動エネルギーがターゲットを構成する原子に与えられる。ターゲットの表面近傍の原子がその運動エネルギーの一部を受け取り，原子間の結合エネルギーを超えるエネルギーを獲得すると結合を切って外部へ放出される。入射イオンの運動エネルギーは $10^2 \sim 10^3$ eV 程度である。

図 5.14 は陰極となるターゲット電極に直流電源を接続した DC スパッタリング装置を描いているが，13.56 MHz の高周波電源を接続する RF スパッタリング装置や，ターゲット電極の裏側に磁気回路を配置してスパッタリング効率を上げるマグネトロンスパッタリング装置など，さまざまな種類の装置が実用化されている。LSI 製造プロセスにおいては，アルミニウム合金（AlSiCu，AlCu など），チタン（Ti），窒化チタン（TiN），銅（Cu），ニッケル（Ni）などの導体膜がスパッタリング法によって成膜される。

近年，数 nm の膜厚の極薄膜を形成する技術として ALD 法が実用に供されるようになった。例として，WF_6 ガスを使用してタングステン薄膜を堆積する過程を図 5.15 を用いて説明する。① まずシリコンウェーハの温度や反応容器内圧力を調整し，反応容器内に WF_6 ガスを供給する（図（a））。ウェーハ表面に WF_6 またはその分解生成物（これらを WF_x 分子と表すこととする）を 1 層吸着させる。表面が WF_x 分子の F（フッ素）によって覆われるため，

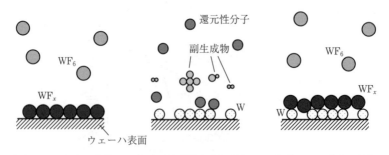

（a）WF_x 分子の吸着　　（b）還元性分子を供給　　（c）WF_x 分子の吸着

図 5.15　WF_6 ガスを使用してタングステン薄膜を堆積する過程

2層以上のWF$_x$分子の吸着が抑制される。②つぎに，反応容器内のWF$_6$ガスを不活性ガスで置換して排気する。③還元性分子（SiH$_4$やB$_2$H$_6$など）をウェーハ表面に供給する（図（b））。還元性分子がウェーハ表面のFと反応して揮発性の副生成物（HF，SiF$_4$ないしはBF$_3$など）を生成する。表面からFが取り除かれ，後の⑤のステップで供給されるWF$_x$が吸着できるサイトが形成される。④不活性ガスで反応容器内を置換して還元性分子と副生成物を排気する。⑤再び①のステップと同様に反応容器内にWF$_6$ガスを供給し，ウェーハ表面にWF$_x$分子を1層吸着させる（図（c））。以後，上記の②〜⑤のサイクルを繰り返し，タングステンを1層ずつ所望の層数になるまで堆積する。近年のLSIは三次元立体構造を採用するようになっており，深い孔や溝の底面と側面に均一な厚さの薄膜を形成する目的でALD法を用いるケースが増えている。金属酸化物やシリコン酸化膜，シリコン窒化膜などをALD法で堆積するための原料ガスも開発されており，用途が広がっている。

5.3.4　洗浄とウェットエッチング

ウェットエッチングは，シリコンウェーハ表面に堆積された薄膜のすべてまたは一部を酸やアルカリなどの溶液で除去する方法であり，前述した等方性エッチングに分類される。シリコンウェーハを薬品溶液に浸漬すると，溶液中の反応分子が薄膜表面に付着し，薄膜を構成する原子や分子と化学反応を起こす。続いて反応生成物が表面から脱離して溶液中に拡散する。これらの各ステップを経ることによってエッチングが進行し，次段階でシリコンウェーハを超純水に浸漬するとエッチングが停止する。その後，ウェーハを乾燥する。例として，シリコン酸化膜をフッ酸溶液（HF溶液）でエッチングする場合の反応式を以下に示す。

$$SiO_2 + 6HF \rightarrow H_2SiF_6 + 2H_2O \tag{5.8}$$

上記ではウェーハを溶液や超純水に浸漬する場合について説明したが，これらをウェーハに吹き付けるタイプのエッチング装置も用いられている。

LSIのウェーハプロセスでは，成膜やリソグラフィ，エッチング，イオン注

入などの各工程でさまざまな装置が使用されており，それらの装置にはステンレスなどの金属が使用されている。このため，多くの工程において金属がシリコンウェーハに付着する可能性がある。例えば，自動化された装置ではロボットがウェーハを搬送するが，ロボットの可動部が発塵し金属を含んだパーティクル（小片や粒など）がウェーハに付着することがある。シリコンウェーハの表面に付着した鉄（Fe）やクロム（Cr），銅（Cu）などの重金属は，ウェーハが高温の熱処理を受けたときにシリコン内部に拡散し結晶欠陥を形成する。結晶欠陥によってシリコンの禁制帯中にエネルギー準位（欠陥準位）が形成されると，価電子帯の電子が欠陥準位を介して伝導帯へ励起するようになる。3.7節で説明したように，価電子帯の電子が励起すると価電子帯には正孔が生成する。すなわち，欠陥準位を介することで価電子帯から伝導帯への電子の励起確率が著しく高くなり，シリコン中での電子正孔対の生成確率が高くなってしまう。この現象は論理回路の動作不良やDRAM，イメージセンサの製品不良を引き起こすことがわかっている。

　また，シリコン表面に付着した重金属がゲート酸化膜（SiO_2膜）の絶縁破壊の原因になることも知られている。ゲート酸化膜が絶縁破壊を起こすとMOSFETは正常に動作しない。人からは塩分（NaCl）などのナトリウムを含んだ物質が発せられシリコンウェーハに付着することがある。ナトリウム（Na）はゲート酸化膜中に取り込まれると正に帯電した可動イオンとなり，MOSFETのしきい値電圧を変動させてしまう。これらの現象はLSIが長期間動作している間に顕在化する場合があり，LSIの信頼性を低下させる原因となる。さらには，装置や人から発生したパーティクルや大気中の浮遊物質は，ウェーハ表面に付着するとフォトリソグラフィやエッチング工程で形成するパターンに欠陥を発生させる。パターン欠陥によってMOSFETや配線が正常に形成できなければLSIは不良となる。他にもシリコンウェーハに付着したパーティクルや汚染物質がLSIの不良を引き起こす事例は数多く報告されており，異物をウェーハ表面から除去し，ウェーハをつねに清浄に保っておく必要がある。このためLSIの完成までにウェーハの洗浄が繰り返し行われる。

5.3 要素プロセス技術　　*123*

　フォトレジストや人などに由来する有機物や無機物（金属など）からなる
パーティクルとウェーハ表面の間には，帯電したパーティクルのクーロン力，
分子間力，化学結合などが作用する。これに対しパーティクルを除去する方策
には，①パーティクルを溶解する，②パーティクルを酸化して溶解する，
③ウェーハ表面をわずかにエッチングすることによるパーティクルのリフト
オフ，④パーティクルとウェーハ表面の間に電気的な斥力を誘起するなどが
ある。

　洗浄技術の基本となっているのは RCA 洗浄である。RCA 洗浄は，アンモ
ニアと過酸化水素水の混合溶液（NH_4OH-H_2O_2-H_2O）を用いる SC-1
（Standard Clean 1）と，塩酸と過酸化水素水（HCl-H_2O_2-H_2O）からなる
SC-2（Standard Clean 2）を組み合わせて行う洗浄方法である。SC-1 で使用
する薬液は APM（Ammonium hydroxide and hydrogen Peroxide Mixture），
SC-2 で使用する薬液は HPM（Hydrochloric acid and hydrogen Peroxide
Mixture）とも呼ばれ，ともに 80〜90℃ 程度に加熱して使用される。APM は
ウェーハ表面に付着しているパーティクルや有機物の除去に大きな効果を発揮
する。その除去メカニズムは H_2O_2 による酸化と，NH_4OH から生成する
OH^- がシリコン表面とパーティクルへ負電荷を付与することによる電気的斥
力と考えられている。HPM は金属汚染の除去に対し有効性が認められてい
る。これらに加えて，硫酸と過酸化水素（H_2SO_4-H_2O_2）からなる SPM
（Sulfuric acid and hydrogen Peroxide Mixture）が使用される。SPM は有機物
と金属を除去する効果を持つ。

5.3.5　化学機械研磨（CMP）

5.3.1 項で言及したように，フォトリソグラフィの際に短い波長 λ の露光光
源を用いると解像度は向上するが焦点深度 *DOF* は低下する。また，*NA* が大
きいと高解像度が得られるがやはり *DOF* は低下する。MOSFET などを形成
するにつれてシリコンウェーハ表面には高さが異なる部分が発生するが，その
様な凹凸が生じた表面のフォトレジストを解像する場合，凹凸の高低差は

DOF よりも小さくなければならない．このためウェーハ表面を平坦化して凹凸の高低差を低減する必要がある．

化学機械研磨（CMP：Chemical Mechanical Polishing）は，スラリーと呼ばれる化学研磨剤と研磨パッドを用いて，化学作用と機械的研磨の複合作用でウェーハ表面の凸部を削って平坦化する技術である．図 5.16 のように，砥粒と薬液を混合したスラリー（研磨剤）を研磨パッド上に滴下し，スラリーが分散した研磨パッドとシリコンウェーハを接触させて圧力を加える．さらに回転などの相対運動を加えてウェーハ表面の凸部を除去していく．

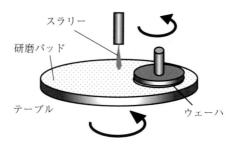

図 5.16　CMP 装置の基本構成の模式図

CMP は薬品を用いた化学反応も利用しているため，異なる材料に対して選択性を持たせて研磨することが可能である．このため CMP 技術はウェーハ表面の平坦化以外に，溝や孔への材料の埋め込みにも使用される（図 5.17）．後者の代表的な例には，素子分離（シリコン酸化膜の埋め込み），コンタクトプラグ（タングステンの埋め込み），銅配線（銅の埋め込み）がある．

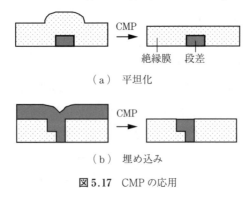

図 5.17　CMP の応用

5.3.6 イオン注入と熱拡散

シリコンに対し，リン (P) やヒ素 (As)，ホウ素 (B) などの不純物元素をドープするためにイオン注入技術が用いられる．この技術では，不純物元素を真空中でイオンにし電界によって数 keV から数 MeV のエネルギーまで加速してシリコンウェーハに注入する．不純物イオンが入る深さは加速電圧で制御し，不純物イオンの数はイオン電流を計測することによってモニタする．このため注入する不純物イオンの位置（深さ）と密度を精度良く制御することができる．不純物イオンを打ち込んだだけでは不純物は不活性な状態になっており，熱処理（アニール）を加えることで注入された不純物がシリコンと結合を作り，ドナーやアクセプタとして活性化する．同時に，イオン注入によってシリコン結晶に加わったダメージが熱処理によって回復する．

イオン注入装置は図 5.18 に示すように，① 注入する元素をイオン化し，イオンビームとして引き出すイオン源系，② 必要とするイオンだけを選別する質量分析系，③ イオンを加速し，イオンビームを整形して走査する機能を持つビームライン系，④ シリコンウェーハをセットし注入処理を行う試料室（エンドステーション）から構成される．注入されたイオンの深さ（表面からの距離）を x とすると，不純物の密度分布 $c(x)$ は次式で示されるガウス分布で近似される．

$$c(x) = \frac{N_\mathrm{D}}{\sqrt{2\pi}\, \Delta R_\mathrm{p}} \exp\left\{-\frac{(x-R_\mathrm{p})^2}{2\Delta R_\mathrm{p}^{\,2}}\right\} \tag{5.9}$$

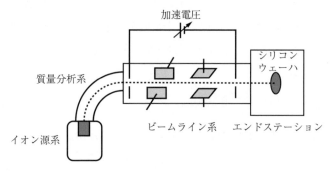

図 5.18 イオン注入装置の模式図

126　　5. LSI 製造プロセス

ここで，N_D はドーズ量（注入されたイオンの面密度）であり，R_p は平均射影飛程，ΔR_p は分布の標準偏差である。ただし，入射イオンとシリコン原子との質量差が大きくなると，密度分布は R_p に対して非対称となる。

　深い拡散層が必要なときには，イオン注入の後でシリコンウェーハを高温（800 ～ 1 200℃）に加熱して不純物原子の熱拡散を行う。シリコン結晶中の不純物原子は熱振動を行っており，そのエネルギーはボルツマン分布に従う。ウェーハ温度を上げると不純物原子の平均エネルギーも高くなり，高エネルギーを持った原子はその位置を変えてしまう。シリコン結晶中の隣接する二つの原子面 A，B を考えよう。単位時間に A 面の不純物原子が B 面に移る単位面積当りの数を $J_{A\text{-}B}$，B 面の不純物原子が A 面に移る単位面積当りの数を $J_{B\text{-}A}$ とすると，単位時間に A 面から B 面に移る不純物原子の差し引きの数 J は単位面積当りでは次式となる。

$$J = J_{A\text{-}B} - J_{B\text{-}A} \tag{5.10}$$

シリコン結晶中の不純物濃度 $c(x, t)$ に勾配があるとき，フィックの第一法則が成り立ち，J は次式によって与えられる。

$$J = -D \frac{\partial c(x, t)}{\partial x} \tag{5.11}$$

ここで，D は不純物の拡散係数である。

　熱拡散が進行するにつれて不純物濃度分布は変化する。不純物濃度分布が時間の経過に連れてどのように変化するかを調べよう。**図 5.19** に示すように，単位時間に深さ x の面を通って幅 δx の微小領域に流れ込む単位面積当りの不純物原子数を $J(x)$ とする。同様に微小領域から流出する単位面積当りの不純物原子の数を $J(x + \delta x)$ とすると，時間 δt の間の微小領域内の不純物濃度の変化 $\delta c(x, t)$ は

$$\delta c(x, t) = \frac{J(x) - J(x + \delta x)}{\delta x} \delta t \tag{5.12}$$

で与えられる。上式および $J(x + \delta x) = J(x) + (\partial J / \partial x) \delta x$ とフィックの第一法則より

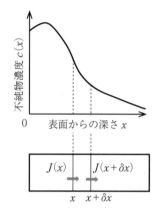

図 5.19 不純物濃度に勾配がある場合

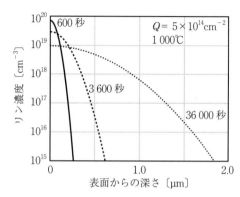

図 5.20 熱拡散後のシリコン中のリンの濃度分布を式 (5.15) を用いて計算した結果

$$\frac{\partial c}{\partial t} = -\frac{\partial J}{\partial x} = \frac{\partial}{\partial x}\left(D\frac{\partial c}{\partial x}\right) \tag{5.13}$$

が導かれる。この関係式を，フィックの第二法則と呼ぶ。不純物をシリコンウェーハに注入した後，高温熱処理によって不純物原子をウェーハの内部に拡散する場合について考えてみる。ただし，シリコン表面はシリコン酸化膜で覆われており不純物原子がシリコン表面から外側へ拡散することはないとする。式 (5.13) に対し境界条件として

$$\left.\frac{\partial c}{\partial x}\right|_{(0,t)} = 0, \qquad C(\infty, t) = 0 \tag{5.14}$$

を用い，さらに拡散前の不純物分布がシリコン表面に位置するデルタ関数で近似できるとする。このとき熱拡散後の不純物濃度は，つぎのガウス分布で表される。

$$C(x,t) = \frac{Q}{\sqrt{\pi D t}}\exp\left(-\frac{x^2}{4Dt}\right) \tag{5.15}$$

ここで，Q は単位面積当りの不純物原子の総数である。**図 5.20** は，熱拡散後のシリコン中のリンの濃度分布を式 (5.15) を用いて計算した結果である。表面にあった不純物は時間とともにシリコンの内部に拡散し，表面の不純物濃度

128   5. LSI 製造プロセス

は時間が経つにつれて減少していく。

熱処理に使用する装置には，石英管内に収められた複数のシリコンウェーハをヒータによって一度に加熱する構造の拡散炉と，1枚のシリコンウェーハをランプなどを用いて加熱することで急速に高温にすることができる RTA（Rapid Thermal Annealing）装置がある。いずれもシリコンウェーハは高純度の窒素やアルゴンのような不活性ガスの雰囲気に置かれ，金属などの汚染を受けないようにウェーハが接触する部分には高純度石英が使用される。

5.3.7 クリーンルーム

1章や5.3.1項の図5.6などにおいて繰り返し述べてきたように，LSIの設計基準はきわめて小さな値である。このため5.3.4項で言及したように，LSI製造過程で大気中の浮遊物質がウェーハ表面に付着すると回路パターンに欠陥が生じ不良が引き起こされる。浮遊物質の付着を防止するためにLSIの製造はクリーンルーム内で行われる。クリーンルームとは，コンタミネーションコントロールが行われている限られた空間のことであり，そこでは空気中の浮遊微小粒子・浮遊微生物が限定された清浄度レベル以下に管理されている。クリーンルームでは供給される材料・薬品・水などについても清浄度が保たれてお

表5.3　各清浄度クラスにおける測定粒径と微粒子の上限濃度（ISO 14644-1：2015 より）

清浄度クラス		上限濃度〔個/m²〕					
ISO 14644-1 (2015)	米国連邦規格 (Fed. Std 209E)	測定粒径					
		0.1 μm	0.2 μm	0.3 μm	0.5 μm	1.0 μm	5.0 μm
Class 1		10					
Class 2		100	24	10			
Class 3	1	1 000	237	102	35		
Class 4	10	10 000	2 370	1 020	352	83	
Class 5	100	100 000	23 700	10 200	3 520	832	
Class 6	1 000	1 000 000	237 000	102 000	35 200	8 320	293
Class 7	10 000				352 000	83 200	2 930
Class 8	100 000				3 520 000	832 000	29 300
Class 9					35 200 000	8 320 000	293 000

り，必要に応じて温度・湿度・圧力などの環境条件についても管理が行われる。我々の身の回りの物質や生物の大きさを比較した1章の図1.6を参照すると，クリーンルームの必要性に得心が行くのではないだろうか。

クリーンルームの清浄度基準は微粒子の大きさと個数によって等級分けされている。ISO（International Organization for Standardization）では，$1\,\mathrm{m}^3$の空気中に含まれる粒径$0.1\,\mathrm{\mu m}$以上の微粒子数を10のべき乗で表したべき指数で表す。各清浄度クラスにおける測定粒径と微粒子の上限濃度を**表5.3**に示しておく。

5.4 LSIのプロセスフロー（CMOSインバータ）

図5.4では1個のMOSFETを作製するための基本的なプロセスを説明した。本節ではCMOSインバータを製造するプロセスを取り上げる。LSIのデバイス構造と製造プロセスは，過去から現在までに開発された技術の積み重ねによって成り立っている。近年のSoC（論理LSI）ではフィン型MOSFETやダマシンゲート構造などが用いられるようになり，デバイス構造と製造プロセスが世代を追うごとに複雑になってきた。このため初学者にとって全プロセスを一度に理解することは容易ではない。ここでは製造プロセスの基本的な流れを理解することに重点を置き，180 nm程度の技術ノードに対応する比較的単純な構造のCMOSインバータを作製する場合について説明する。ただし，説明が複雑にならない範囲で素子分離やシリサイド技術などは180 nm技術ノード以後に登場した技術に置き換えている。LSIの生産には製造装置が大きな役割を果たしているため，**図5.21**には各工程で使用されるおもな装置も示した。

LSIの製造に当たってはボロンが低濃度でドープされたp形シリコンウェーハが最も多く使用されている。通常，最初に素子間の電気的な干渉を防止する役割を持つSTI（Shallow Trench Isolation）が形成される。STIの形成に際しては図（a）に示すように，まず熱酸化法を用いてシリコン表面にシリコン酸化膜（SiO_2）を成長させ，続いて減圧CVD法でシリコン窒化膜（Si_3N_4）を

130   5. LSI 製造プロセス

堆積する。フォトリソグラフィを行って素子分離パターンを形成し，シリコン窒化膜とシリコン酸化膜の異方性エッチングを行う。異方性エッチングには前述したようにドライエッチング技術が用いられる。つぎに図（b）においてフォトレジストを除去し，パターニングされたシリコン窒化膜をマスクにしてシリコンの異方性エッチングを行い，トレンチ（trench）を形成する。トレンチとは溝のことである。図（c）においてトレンチの内面を熱酸化し，続いてトレンチ内にシリコン酸化膜を埋め込む。この工程で用いられるシリコン酸化膜の形成方法には高密度プラズマ CVD 法や準常圧 CVD 法（大気圧より微かに低い圧力での CVD），SOD（Spin-On Dielectrics）の回転塗布法などがある。このときシリコン窒化膜上面にもシリコン酸化膜が成長するため，CMP によってシリコン窒化膜上の酸化膜を研磨除去する。図（d）のステップでは，シリコン酸化膜のウェットエッチングに続いてシリコン窒化膜を除去し，図（a）の段階で形成したシリコン酸化膜をウェットエッチングにより取り除く。以上で，STI が完成する。

　図（e）は，n ウェル形成のためのイオン注入を行う工程である。pMOSFET を形成する領域以外のシリコン表面をフォトレジストで覆い，イオン注入法によってリンイオン（P^+）をドープする。図（f）においては，nMOSFET を形成する領域のシリコンにボロンイオン（B^+）を注入する。フォトレジストを除去した後，注入した不純物（リンとボロン）の活性化と熱拡散を高温で行うことによって n ウェルと p ウェルが形成される。さらに，フォトリソグラフィによってレジストをパターン形成し，MOSFET のしきい値電圧を調整するための不純物注入（チャネルドーズ）を行う。続いて，注入した不純物の活性化熱処理を RTA 装置を用いて行う。

　図（g）はゲート電極を形成するプロセスを示している。ここではフォトレジストをマスクとして多結晶シリコンをエッチングする方式について描いた。図のように電極材料を先に堆積し，その後，フォトリソグラフィを行って電極材料をパターニングするプロセスをゲートファーストプロセスと呼んでいる。近年用いられるようになったゲートラストプロセスについては次節で説明す

5.4 LSIのプロセスフロー（CMOSインバータ）

工　程	装　置
洗　浄	洗浄装置
熱酸化 SiO₂膜形成	酸化装置
シリコン窒化膜(Si₃N₄)堆積	減圧CVD装置
フォトリソグラフィ	露光装置
	コータ・デベロッパ
Si₃N₄・SiO₂ドライエッチング	ドライエッチング装置

（a）素子分離パターン形成

工　程	装　置
レジスト除去	レジスト除去装置
シリコンドライエッチング	ドライエッチング装置

（b）トレンチエッチング

工　程	装　置
洗　浄	洗浄装置
熱酸化 SiO₂膜形成	酸化装置
SiO₂埋め込み	高密度プラズマCVD装置
SiO₂平坦化	CMP装置

（c）トレンチ埋め込み

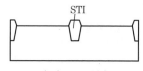

工　程	装　置
SiO₂エッチング	ウェットエッチング装置
Si₃N₄エッチング(熱リン酸)	ウェットエッチング装置
SiO₂エッチング	ウェットエッチング装置

（d）STI形成

図 5.21　LSIを製造するプロセスフロー（CMOSインバータの場合）

132   5. LSI 製造プロセス

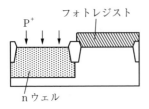

工　程	装　置
洗　浄	洗浄装置
フォトリソグラフィ	露光装置 コータ・デベロッパ
イオン注入　nウェル形成	イオン注入装置
レジスト除去	レジスト除去装置

（e）nウェル形成

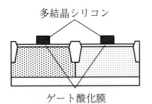

工程	装置
洗　浄	洗浄装置
フォトリソグラフィ	露光装置 コーター・デベロッパー
イオン注入　pウェル形成	イオン注入装置
レジスト除去	レジスト除去装置
洗　浄	洗浄装置
熱拡散	拡散装置またはRTA装置
フォトリソグラフィ	露光装置 コータ・デベロッパ
イオン注入　チャネルドーズ	イオン注入装置
レジスト除去	レジスト除去装置
洗　浄	洗浄装置
熱処理（アニール）	RTA装置

（f）pウェル形成

工程	装置
洗　浄	洗浄装置
SiO$_2$ウェットエッチング	ウェットエッチング装置
ゲート酸化膜形成	酸化装置
多結晶シリコン堆積	減圧CVD装置
フォトリソグラフィ	露光装置 コータ・デベロッパ
多結晶シリコンドライエッチング	ドライエッチング装置
レジスト除去	レジスト除去装置

（g）ゲート電極形成

図 5.21（続き）

5.4 LSIのプロセスフロー（CMOSインバータ） 133

| 工　程 | 装　置 |

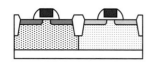

フォトリソグラフィ　　　露光装置
　　　　　　　　　　　　コータ・デベロッパ
イオン注入　エクステンション形成　イオン注入装置
レジスト除去　　　　　　レジスト除去装置

（h）　nMOSFETのソース・ドレインのエクステンション形成（自己整合）

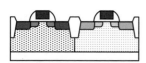

フォトリソグラフィ　　　露光装置
　　　　　　　　　　　　コータ・デベロッパ
イオン注入　エクステンション形成　イオン注入装置
レジスト除去　　　　　　レジスト除去装置

（i）　pMOSFETのソース・ドレインのエクステンション形成（自己整合）

洗　浄　　　　　　　　　洗浄装置
SiO_2 堆積　　　　　　　減圧CVD装置
Si_3N_4 堆積　　　　　　PECVD装置
$SiO_2 \cdot Si_3N_4$ ドライエッチング　ドライエッチング装置
（サイドウォール形成）

（j）　サイドウォールスペーサ形成

フォトリソグラフィ　　　露光装置
　　　　　　　　　　　　コータ・デベロッパ
イオン注入　n^+ソース・ドレイン　イオン注入装置
レジスト除去　　　　　　レジスト除去装置
フォトリソグラフィ　　　露光装置
　　　　　　　　　　　　コータ・デベロッパ
イオン注入　p^+ソース・ドレイン　イオン注入装置
レジスト除去　　　　　　レジスト除去装置
洗　浄　　　　　　　　　洗浄装置
熱処理（アニール）　　　RTA装置

（k）　ソース・ドレイン形成
　　　（自己整合）

図 5.21（続き）

134   5. LSI 製造プロセス

	工　程	装　置
	洗　浄	洗浄装置
	SiO$_2$ ウェットエッチング	ウェットエッチング装置
	Ni, TiN 堆積	スパッタリング装置
	1st シリサイド化アニール	RTA 装置
	選択除去　未反応 Ni, TiN	ウェットエッチング装置
	2nd シリサイド化アニール	RTA 装置

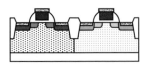

（l）サリサイド（saliside）
　　　（自己整合）

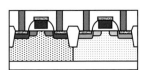

（m）コンタクトプラグ形成

工　程	装　置
洗　浄	洗浄装置
SiO$_2$ 堆積（層間酸化膜）	高密度プラズマ CVD 装置
SiO$_2$ 平坦化	CMP 装置
フォトリソグラフィ	露光装置
	コータ・デベロッパ
SiO$_2$ ドライエッチング	ドライエッチング装置
レジスト除去	レジスト除去装置
洗　浄	洗浄装置
TiN/Ti 成膜	CVD 装置
タングステン成膜	CVD 装置
タングステン研磨除去	CMP 装置

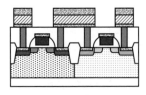

（n）第1層目アルミニウム
　　　配線形成

工　程	装　置
バリヤメタル(TiN など)成膜	スパッタリング装置
アルミニウム成膜	スパッタリング装置
キャップ層(TiN など)成膜	スパッタリング装置
フォトリソグラフィ	露光装置
	コータ・デベロッパ
アルミニウムドライエッチング	ドライエッチング装置
レジスト除去	レジスト除去装置

図 5.21（続き）

5.4 LSIのプロセスフロー（CMOSインバータ）　　135

工程	装置
配線間絶縁膜堆積	PECVD装置など
絶縁膜平坦化	CMP装置
フォトリソグラフィ	露光装置
	コータ・デベロッパ
絶縁膜ドライエッチング （ビアホールエッチ）	ドライエッチング装置
レジスト除去	レジスト除去装置
バリヤメタル(TiNなど)成膜	スパッタリング装置 またはMOCVD装置
タングステン埋め込み	CVD装置
タングステン除去	CMP装置

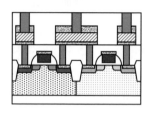

（o）ビア形成

（中略）	（中略）
バリヤメタル(TiNなど)成膜	スパッタリング装置
アルミニウム成膜	スパッタリング装置
キャップ層(TiNなど)成膜	スパッタリング装置
フォトリソグラフィ	露光装置
	コータ・デベロッパ
アルミニウムドライエッチング	ドライエッチング装置
レジスト除去	レジスト除去装置
水素アニール	アニール装置
パッシベーション膜堆積	PECVD装置
フォトリソグラフィ	露光装置
	コータ・デベロッパ
パッシベーション膜ドライエッチング	ドライエッチング装置

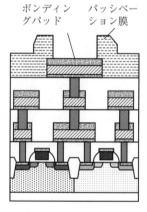

（p）パッシベーション膜形成

図5.21（続き）

る。

　図（h）は，4.10節で述べたnMOSFETのソース・ドレインのエクステンションを形成する工程である．nMOSFETを形成する領域以外をフォトレジストで覆い，ヒ素やリンのイオンを比較的低い加速電圧で注入し，浅い不純物注入領域を形成する．図（i）は，pMOSFETのソース・ドレインのエクステンションを形成するためのイオン注入を行う工程である．pMOSFET以外の

136   5. LSI 製造プロセス

領域をフォトレジストで覆い，ボロンや BF_2 などのイオンを低加速電圧で注入する。

図（ｊ）の工程ではサイドウォールスペーサを形成する。シリコン酸化膜とシリコン窒化膜を減圧 CVD 法や PECVD 法で堆積し，それらに対し異方性エッチングを行うことによってこの断面図に示すようなサイドウォールスペーサを形成することができる。

図（ｋ）では，nMOSFET と pMOSFET のソース・ドレインの深い不純物注入層を形成する。nMOSFET の深いｎ形不純物層を形成する場合にはnMOSFET の領域以外をフォトレジストで覆いヒ素イオンを注入する。nMOSFET の領域ではゲート電極と STI，サイドウォールスペーサがヒ素イオン注入に対するマスクとなり，これらに覆われていない部分のシリコンにのみヒ素イオンが注入される（自己整合プロセス）。pMOSFET の深いｐ形不純物層についても同様であり，ボロンイオン注入によって自己整合プロセスで形成する。イオン注入の後，1 000℃ 程度の高温で熱処理（アニール）を行うことによってソース・ドレインとゲート電極の不純物元素を活性化する。

図（ｌ）は，ソース・ドレインとゲート電極の上にニッケルシリサイド（NiSi）を選択的に形成する工程を示している。ニッケルシリサイドは導体であり，ソース・ドレインとゲート電極の抵抗を低減する目的で形成される。この形成プロセスの詳細は5.6 節で説明する。

図（ｍ）ではコンタクトプラグを形成する。まず，層間絶縁膜としてシリコン酸化膜を堆積し，CMP によって平坦化を行う。つぎに，フォトリソグラフィと層間絶縁膜の異方性エッチングによりコンタクトホールを開孔する。続いて，コンタクト抵抗を低減するためにコンタクトホールの内部にチタンを薄く堆積する。チタンの堆積には PECVD 法やスパッタリング法が用いられる。熱 CVD 法を用いてタングステン（W）を成膜することでコンタクトホール内部の大部分を埋め込むが，このプロセスで使用する原料ガスの WF_6 がシリコンやチタンとも反応するため，これを防止する目的で，タングステン CVD の直前にコンタクトホール内部にバリヤメタルを堆積する。バリヤメタルとして

は，スパッタリング法や熱 CVD 法で堆積する窒化チタン（TiN）の薄膜が用いられてきた。タングステンや窒化チタン，チタンはコンタクトホール以外の層間絶縁膜上にも堆積するため，CMP によって不要な部分を除去することによって図のような断面を得ることができる。

　LSI 製造プロセスの分類には FEOL（Front End Of Line）と BEOL（Back End Of Line）があるが，FEOL はここまでの工程を指しており，以後の一連のプロセスは BEOL と呼ばれている。

　図（n）は第1層目の金属配線を形成する工程を示しており，ここでは配線材料にアルミニウム合金（AlSiCu，AlCu など）を使用する場合を示した。ただし，アルミニウム合金における銅やシリコンの組成は微量でありアルミニウムが主成分であるため，以後ではアルミニウムと表現することにする。近年の主流である銅配線（Cu）については 5.7 節で説明する。まず，バリヤメタル（TiN など）とアルミニウム，キャップ層（TiN など）をスパッタリング法で堆積し，フォトリソグラフィと異方性エッチングを行って所望の配線パターンを得る。

　図（o）では，第1層目のアルミニウム配線の上面と側面に PECVD 法や高密度プラズマ CVD 法を用いて絶縁膜を堆積する。金属配線中を伝達する信号の遅延を抑制するために配線間絶縁膜の誘電率は低い方がよい。このため配線間絶縁膜の一部に低誘電率絶縁膜が使用される。LSI の分野では低誘電率絶縁膜を low-k 膜と呼ぶことがあり，その膜種としては，180 nm 技術ノードではフッ素を含むシリコン酸化膜（SiO_xF_y）が使用され，その後の銅配線の技術世代においてはメチル基を含むポーラスな SiO_xC_y:H 膜が用いられるようになった。配線間絶縁膜を堆積した後は CMP によって平坦化を行う。フォトリソグラフィと絶縁膜の異方性エッチングによって1層目配線の上の絶縁膜に貫通孔（ビアホール）を設け，バリヤメタル成膜とタングステン CVD，CMP を行って上下の金属配線を接続するビアを形成する。以後，図（n），（o）と同様のプロセスを繰り返し多層配線を形成する。ただし，配線の設計寸法が大きい場合には CMP や低誘電率絶縁膜を使用しない。

138   5. LSI 製造プロセス

図（p）は，ウェーハプロセス完了時の断面模式図である。多層配線の最上層でアルミニウムのボンディングパッドが形成され，その後，ゲート酸化膜とシリコン基板の界面に存在するシリコン未結合手を水素で終端するために水素アニールが施される。続いてパッシベーション膜（保護膜）としてのシリコン窒化膜をPECVD法によって堆積し，フォトリソグラフィとドライエッチングによりボンディングパッド上に開口部を設ける。図5.1で示したアセンブリ工程でのワイヤーボンディングによってボンディングパッドとパッケージのピンが電気的に接続される。

以上がCMOSインバータの製造プロセスの例であるが，煩雑になるのを避けるために各パターンの寸法や各種薄膜の膜厚・抵抗などを測定する検査工程ならびに異物除去工程については省略した。図（p）では配線が3層であるが配線層数は回路設計に応じて増やされる。

5.5 MOSFET 高性能化技術の進展

本節では，130 nm技術ノード以後に普及したプロセス技術である高誘電率ゲート絶縁膜とメタルゲート電極の形成技術，FinFET，ニッケルシリサイド形成技術について説明する。

5.5.1 高誘電率ゲート絶縁膜

長くゲート絶縁膜として用いられてきたSiO_2膜（シリコン酸化膜）は，シリコンとの間で欠陥密度が低い良好な界面を形成し，エネルギーバンドギャップが約9 eVと大きいため絶縁性に優れている。しかし，MOSFETを微細化する際にゲート酸化膜の膜厚を薄くすると，MOSFETの動作時にゲート酸化膜を通過して流れるリーク電流が大きくなってしまう。このゲートリーク電流はチャネルとゲート電極の間を流れ，これが増加するとLSIの消費電力が増大してしまう。この問題について理解するために，まずゲート酸化膜を流れるキャリヤの伝導機構を整理しておこう。

5.5 MOSFET 高性能化技術の進展　　*139*

　シリコンを熱酸化することで形成される SiO₂ 膜は膜中の欠陥密度が低いため，その伝導電流はトンネル効果によって電子が SiO₂ 膜を透過することに起因するトンネル電流に支配されている。2 章において説明したように，点 *r* を含む微小体積 d*r* 内に電子が見いだされる確率は波動関数を用いて式 (2.5) で表され，波動関数はシュレディンガー方程式 (2.15) に従う。このため電子はポテンシャル障壁を透過する性質を有している。量子力学に従う粒子がポテンシャル障壁を通過する現象をトンネル効果という。**図 5.22** (a)，(b) は厚い SiO₂ 膜を有する理想 MOS 構造のエネルギーバンド模式図である。図 (a) はゲート電極–シリコン間の電位差 V_G が 0 V の場合であり，シリコンの伝導帯の電子とゲート電極の間に SiO₂ 酸化膜の禁制帯が厚いポテンシャル障壁を形成している。この状態では電子がゲート電極まで透過する確率はきわめて低いものとなる。図 (b) に示すように，ゲート電極に正電圧 V_G を加え SiO₂ 膜中の電界が高くなると，SiO₂ 膜の禁制帯はシリコンの伝導電子に対して 3 角形のポテンシャル障壁となり，電子の透過確率が増加する。量子力学に従う粒子が図のような 3 角形のポテンシャル障壁を透過する現象は Fowler-Nordheim (F-N) トンネリングと呼ばれ，F-N トンネル電流の大きさ（電流密度）J_{FN} は次式によく従う。

$$J_{FN} = \frac{q^3}{8\pi h \phi_b} E_{ox}^2 \exp\left(-\frac{4\sqrt{2 m_{ox}^*}\, \phi_b^{3/2}}{3 q \hbar} \frac{1}{E_{ox}}\right) \tag{5.16}$$

ここで，q は電気素量，h はプランク定数，ϕ_b はポテンシャル障壁高さ，m_{ox}^* は SiO₂ 膜中での電子の有効質量，E_{ox} は SiO₂ 膜中の電界強度である。

　図 (c) は，薄い SiO₂ 膜を有する MOS 構造のエネルギーバンド模式図であり，SiO₂ 膜中の電界強度が図 (b) と等しくなるようにゲート電極–シリコン間に電位差を与えた場合を描いている。このように薄い SiO₂ 膜の場合にはシリコンの伝導電子とゲート電極の間のポテンシャル障壁は台形となり，図 (b) に比べて障壁の厚みが減少し，電子のトンネル確率が高くなる。このため大きなトンネル電流が流れることになる。図 (c) のような台形のポテンシャル障壁を粒子が透過する現象は直接トンネリング（direct tunneling）と呼ば

140　5. LSI 製造プロセス

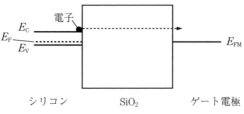

（a）ゲート-シリコン間の電位差 V_G が 0 V の場合

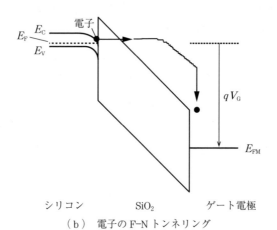

（b）電子の F–N トンネリング

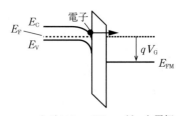

（c）電子の直接トンネリング

図 5.22 MOS 構造における電子のトンネル現象

れ，直接トンネル電流の大きさ J_{DT} を記述する式として

$$J_{DT} = \frac{q^3}{8\pi h \phi_b} E_{ox}^2 \exp\left[-\frac{4\sqrt{2m_{ox}^*}\phi_b^{\frac{3}{2}}}{3q\hbar E_{ox}}\left\{1 - \left(1 - \frac{qV_G}{\phi_b}\right)^{\frac{3}{2}}\right\}\right] \quad (5.17)$$

が知られている。**図 5.23** は SiO_2 膜を流れるトンネル電流の実測例である。

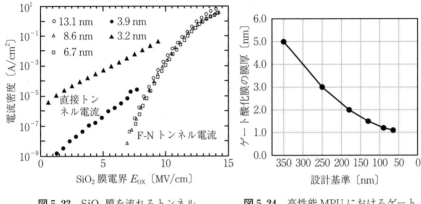

図 5.23 SiO₂ 膜を流れるトンネル電流の実測例

図 5.24 高性能 MPU におけるゲート酸化膜の膜厚の推移

比較的厚い SiO₂ 膜において観測される F-N トンネル電流は SiO₂ 膜中の電界 E_{ox} に強く依存し，SiO₂ 膜の膜厚によらず E_{ox} に対し同一の特性を示す．一方，薄い SiO₂ 膜の場合には電子の直接トンネリングが起こるために低電界で大きな電流が流れ，SiO₂ 膜の膜厚が薄くなるにつれて電流密度が急激に増加する．

図 5.24 は高性能 MPU におけるゲート酸化膜（SiO₂ 膜）の膜厚の推移を示している．設計基準の縮小にともなってゲート酸化膜の膜厚は薄くなり，これに伴いゲート酸化膜の電気伝導機構は電子の F-N トンネリングから直接トンネリングへ移行した．このためゲートリーク電流は設計基準の縮小につれて急激に増加した．しかしこの問題はあらかじめ予測されていたため，ゲートリーク電流を低減するための研究開発が長期にわたり進められた．

4 章で導出した飽和領域のドレイン電流を与える式（4.60）は

$$I_{D.max} = \frac{1}{2} \frac{W}{L} \mu_n C_G (V_G - V_T)^2 \tag{5.18}$$

$$C_G = \frac{\varepsilon_0 \varepsilon_{ox}}{t_{ox}} \tag{5.19}$$

と変形することができる．ここで，C_G は単位面積当りのゲート容量である．この 2 式からわかるようにドレイン電流は C_G の関数となっており，C_G は

142   5. LSI 製造プロセス

ゲート絶縁膜の比誘電率 ε_{ox} に比例し t_{ox} に反比例する。このことは，高い比誘電率を有する絶縁材料をゲート絶縁膜として用いる場合にはその比誘電率に応じて膜厚を厚くできることを意味している。ゲート絶縁膜の膜厚を物理的に厚くできれば，電子のトンネリングに対するポテンシャル障壁を厚くでき，加えてゲート絶縁膜中の電界強度を下げることができるためトンネル電流を低減することができる。**表5.4** は絶縁材料の比誘電率とバンドギャップの大きさを示しており，Zr や Hf，Ta の酸化物では比誘電率が 20 以上もある。それゆえゲート絶縁膜の材料として HfO_2 や ZrO_2 などが検討されたが，その過程でこれらの絶縁材料について，つぎのようなさまざまな技術課題も浮かび上がった。① シリコンとの界面において界面準位密度が高いこと，② LSI の製造プロセスで使用する熱処理で結晶化し絶縁性が低下すること，③ ホットキャリヤ耐性などの信頼性が不十分なこと，④ MOSFET に適用した場合のしきい値電圧が SiO_2 膜の場合と大きく異なる値となることなどである。これらの課題に対する多くの研究開発を経て 45 nm 以後の技術ノードで HfSiON-SiO_2 積層膜や HfO_2-SiO_2 積層膜などをゲート絶縁膜として用いることができるようになった。

表5.4 絶縁材料の比誘電率とバンドギャップの大きさ

絶縁材料	SiO_2	Al_2O_3	ZrO_2	HfO_2	TiO_2	Ta_2O_5
比誘電率	3.85	9.5	22	20	80	25
バンドギャップ〔eV〕	9	8.8	4	4.5	3	5

5.5.2 メタルゲート電極

ゲート電極にはドナーまたはアクセプタを高濃度にドープした多結晶シリコンが長期にわたって用いられてきた。しかし，多結晶シリコンは半導体であるため高濃度に不純物をドープしてもゲート絶縁膜との界面近傍においてわずかな空乏層が発生する。**図5.25** に示すように，ゲート容量 C_G は正確にはゲート絶縁膜，ゲート電極，シリコン表面の3箇所で生じる容量成分 $C_{insulator}$，$C_{electrode}$，C_{sub} の直列結合からなり，式（5.20）に示す合成容量となってい

5.5 MOSFET 高性能化技術の進展

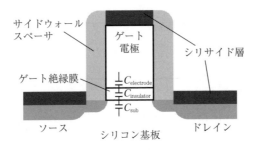

図 5.25 ゲート容量 C_G とゲート絶縁膜，ゲート電極，シリコン表面の3箇所で生じる容量成分

る。

$$\frac{1}{C_G} = \frac{1}{C_\text{elctrode}} + \frac{1}{C_\text{insulator}} + \frac{1}{C_\text{sub}} \tag{5.20}$$

$C_\text{electrode}$ の影響はシリコン酸化膜の膜厚に置き換えると 0.2〜0.5 nm 程度であるため，ゲート絶縁膜の膜厚が厚い場合にはその影響を無視することができた。しかし，ゲート絶縁膜の膜厚が薄くなるにつれてこれを削減することが必要となった。このため 45 nm 技術ノード以後において，高誘電率絶縁膜の導入とともにゲートに金属を使用するメタルゲート電極が用いられるようになった。多結晶シリコンをゲート電極として使用する場合，nMOSFET では V_DD の数分の一のしきい値電圧を得るために，高濃度のドナーを多結晶シリコンにドープしてフェルミ準位が伝導帯下端 E_C の近くになるように調整する。同様に pMOSFET では，$-V_\text{DD}$ の数分の一のしきい値電圧を得るために高濃度のアクセプタを多結晶シリコンにドープしてフェルミ準位を価電子帯上端 E_V の近くに設定する。金属をゲート電極材料とする場合もこれと同様に，nMOSFET と pMOSFET のゲート電極のフェルミ準位がそれぞれ E_C と E_V に近いことが求められる。**図 5.26** は，シリコンのエネルギーバンドと金属の仕事関数の関係を示している。上記の要請を満たすために，nMOSFET と pMOSFET のゲート電極材料には異なった仕事関数を有する金属が選択される。

図 5.4 や図 5.21 では，ゲート電極として多結晶シリコンを用いるデバイス

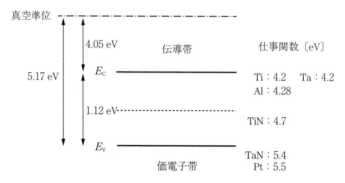

図 5.26 シリコンのエネルギーバンドと金属の仕事関数の関係

の作製プロセスの例を示した。これらのプロセスフローでは，ゲート絶縁膜とゲート電極を形成した後で，ソース・ドレインを形成するための不純物イオン注入との熱処理（アニール）を行う。しかし高誘電率絶縁膜とメタルゲート電極は耐熱性が低いため，これらを形成した後に高温熱処理を行うと，これらを構成する元素の拡散や反応が起こり MOSFET のさまざまな特性が変化してしまう。このため，ソース・ドレインを形成するための不純物イオン注入と高温熱処理を行った後に高誘電率絶縁膜とメタルゲート電極を形成するダマシンゲート・プロセスが開発された。**図 5.27**（a）～（g）を用いてダマシンゲート・プロセスのフローを説明する。図（a）は，ソース・ドレインとニッケルシリサイド（NiSi）を形成した後の MOSFET の断面模式図である。ただし，ゲート電極とゲート絶縁膜に代えてダミーゲート（犠牲ゲート電極）と犠牲ゲート絶縁膜を形成しておく。つぎに，図（b）において層間絶縁膜を堆積し，図（c）において CMP を行ってダミーゲートの表面を露出させる。図（d）の工程ではダミーゲートと犠牲ゲート絶縁膜を選択的に除去し，続いて図（e）に示すように高誘電率ゲート絶縁膜を形成する。図（f）の工程でメタルゲートを堆積し，最後に図（g）に示すように CMP を行って不要な金属膜を除去する。このフローには，高温熱処理が高誘電率絶縁膜とメタルゲートには加わらないという大きなメリットがある。

以上のように，高誘電率ゲート絶縁膜とメタルゲートの導入によって

5.5 MOSFET高性能化技術の進展

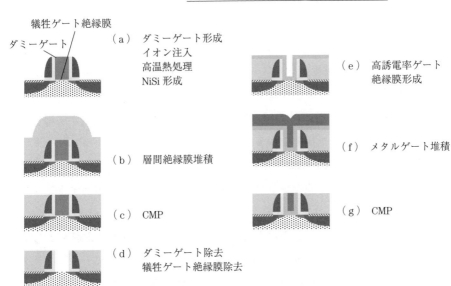

図 5.27 ダマシンゲート・プロセスフロー

MOSFETの微細化を進めることが可能となった。さらに 22 nm 以降の設計基準において MOSFET の性能を維持し向上するために，図 5.28 に示す FinFET が用いられるようになった。FinFET ではゲート電極がチャネルを取り囲むように形成される。チャネルに対し多方向から電界が及ぶため，チャネル電位の制御性が優れている。このため，短いゲート長においても短チャネル効果を抑制することができる。

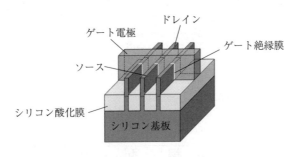

図 5.28 FinFET

146   5. LSI 製造プロセス

5.5.3 ニッケルシリサイド

サリサイド（salicide）とは self-aligned silicide を短縮した言葉で，MOSFET のゲート電極とソース・ドレインの表面に選択的に金属シリサイド膜を形成する自己整合プロセスのことである。これまでに $TiSi_2$（チタンシリサイド）や $CoSi_2$（コバルトシリサイド）を使ったサリサイド技術が実用化され，近年はより低い抵抗率を得ることのできる NiSi（ニッケルシリサイド）が用いられている。図 5.29 を用いて NiSi 膜の形成プロセスについて説明する。ニッケル（Ni）薄膜をシリコンと接する状態で数百度に加熱するとシリサイド化反応が起こり，温度の上昇とともにニッケルリッチシリサイド，Ni_2Si，NiSi，$NiSi_2$ へと相変化を起こす。この中で，シリサイド材料として使用するのは低抵抗の NiSi である。作製手順としては，最初にシリコン表面に Ni をスパッタリング法で堆積し，Ni の酸化を防止する目的で連続してTiN 膜をスパッタリング法で堆積する。その後，第一の RTA を行って Ni_2Siを形成する。このとき，シリコンと接している Ni は反応して Ni_2Si となるが，サイドウォールスペーサや素子分離の上に堆積された Ni は未反応のまま残る。つぎに酸洗浄によって TiN および未反応の Ni のみを選択的に除去する。最後に第 2 の RTA を行い，Ni_2Si を NiSi に変化させて終了する。

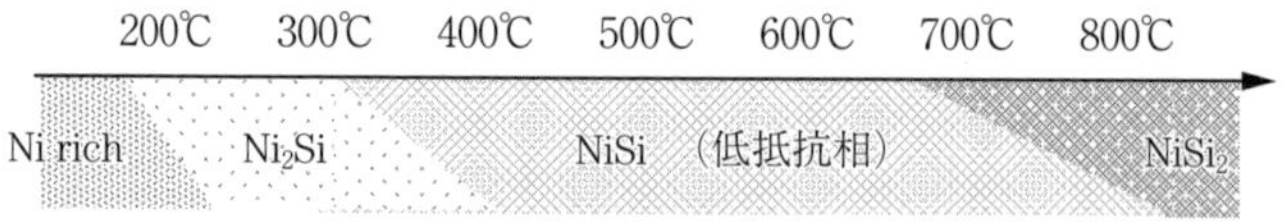

	200℃	300℃	400℃	500℃	600℃	700℃	800℃
Ni rich		Ni_2Si		NiSi （低抵抗相）			$NiSi_2$

結晶構造		斜方晶	立方晶
格子定数 a		0.518 nm	0.540 6 nm
格子定数 b		0.334 nm	
格子定数 c		0.562 nm	

図 5.29　ニッケルシリサイドの相変化

5.6　銅　配　線

図 5.30（a），（b）は配線の模式図とその等価回路を示している。金属配線

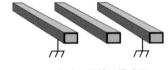

（a） 配線の模式図

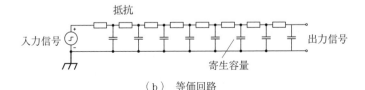

（b） 等価回路

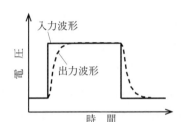

（c） 入力信号と出力信号

図 5.30 LSI 配線における信号伝搬遅延

には配線抵抗と寄生容量がつねに存在している。今，図（a）のように，2本の金属配線を接地し，中央の配線にはその一端から矩形波のパルス信号を入力したとする。このとき，中央の配線のもう一方の端に現れる出力波形は配線抵抗と寄生容量で決まる時定数に従って図（c）のように鈍り，信号の伝搬に遅れを生じる。配線抵抗や寄生容量が増加すると時定数は大きくなり，信号の伝搬遅延時間が長くなる。配線抵抗 R は配線材料の抵抗率を ρ，配線の断面積を S，配線長を l とすると

$$R = \rho \frac{l}{S} \tag{5.21}$$

で与えられる。LSI では配線が多層であるため，寄生容量は同一層内の配線間容量と上下の配線との配線間容量の和となっており，計算が複雑である。そこ

で同一層内の互いに隣接する配線の側面が作る容量 C_I について考えてみる。

$$C_I = \varepsilon_0 \varepsilon_I \frac{hl}{d} \tag{5.22}$$

上式において ε_0 は真空の誘電率，ε_I は配線間絶縁膜の比誘電率，h は配線の高さ（厚さ），d は配線間隔である。

　これまで述べてきたように LSI には微細化と高集積化が求められてきたが，微細化とともに配線寸法を縮小すると断面積 S は小さくなり，高集積化によって配線長 l は長くなる。式 (5.21) からわかるように，これらは R の増大を招いてしまう。R の増大に対する対策として配線材料がアルミニウム合金（AlSiCu，AlCu など）から銅（Cu）に変更された。アルミニウムの抵抗率が 2.65 μΩ·cm であるのに対し，銅の抵抗率は 1.72 μΩ·cm である。一方，微細化によって配線間隔 d が縮小され，高集積化によって配線長 l が長くなると容量 C_I も増加する。配線間容量の増加に対する対策として，配線間に低誘電率絶縁膜（low-k 膜）が用いられるようになった。図 5.31 は，銅多層配線（6層）を採用した LSI の断面模式図である。図 5.32 には銅多層配線の拡大図を示す。基本構造は銅配線とビア，バリヤメタル，低誘電率絶縁膜（low-k 膜），

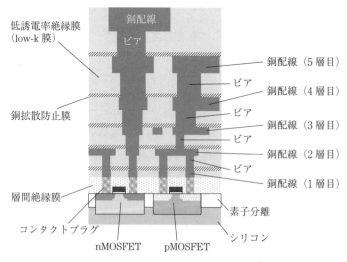

図 5.31　銅多層配線（6層）を採用した LSI の断面模式図

5.6 銅　　配　　線　　149

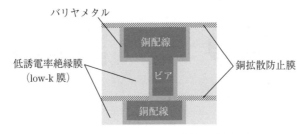

図 5.32　銅多層配線の断面模式図（拡大図）

銅拡散防止膜によって構成される。low-k 膜の材料には多くの種類があるが，代表的なものにメチル基を含むポーラスな SiO_xC_y:H がある。ただし，配線材料である銅には low-k 膜に拡散し絶縁破壊を引き起こす性質がある。このため銅配線と low-k 膜が接しないように，バリヤメタルと銅拡散防止膜が設けられている。銅拡散防止膜の材料には過去にはシリコン窒化膜（SiN_x）が使用されていたが，配線間容量には銅拡散防止膜の誘電率も影響を及ぼすため，近年は比誘電率が低い炭窒化シリコン膜（SiC_xN_y）や炭化シリコン膜（SiC）が用いられている。

　つぎに，**図 5.33**（a）～（e）に沿って銅多層配線のプロセスフローを説明する。図（a）では，下層の銅配線の上に銅拡散防止膜を PECVD 法を用いて堆積し，続いて low-k 膜を形成する。low-k 膜の形成には PECVD 法や回転塗布法が用いられる。図（b）の工程において，フォトリソグラフィと異方性エッチングによりビアとなる部分を開孔し，さらにトレンチ（溝）を形成する。つぎに，図（c）の工程において，バリヤメタル（例えば TaN や Ta，Co の薄膜）を PVD 法または CVD 法を用いて堆積する。続いて，現在用いられている電気めっき技術では電流が流れた部位で銅の成長が起こるため，バリヤメタルの上に電気抵抗が低い銅シード層（銅薄膜）を PVD 法により堆積する。その後，図（d）の工程で電気めっきによって銅を成長させる。めっき法が用いられる主な理由は製造コストが低いためである。最後に，図（e）の工程で余分な銅膜とバリヤメタルの薄膜を CMP によって取り除き，一層の銅配線とビアが完成する。

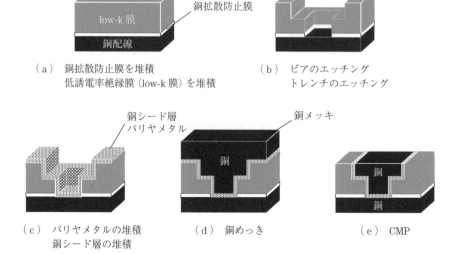

図 5.33　銅多層配線のプロセスフロー

5.7　シリコン結晶

シリコンの原料は，純度の高いけい石（SiO$_2$，Si 含有率 ～ 46%）である。電気炉にけい石と木炭などを投入し温度を上げると，けい石が酸素を奪われ，シリコンが金属状に遊離して金属シリコン（純度：98～99%）ができ上がる。これを粉砕したシリコン微粉を高純度水素および高純度塩素と反応させてトリクロロシラン（SiHCl$_3$, 沸点 31.8℃）を生成し，精留を繰り返して純度を上げる。この過程で金属不純物を塩化物として蒸発させ，炭素を除く不純物を 1 ppb 以下とする。続いて，トリクロロシランを高純度の水素で還元することで高純度の多結晶シリコンを成長させる。この方法は Siemens 法と呼ばれ，純度は 11 nine（99.999 999 999%）以上となる。

単結晶成長法としては，図 5.34 に示す CZ 法（Czochralski 法：チョクラルスキー法）が主として用いられる。CZ 法ではまず，高純度多結晶シリコンを不純物元素とともに石英るつぼに入れて約 1 420℃で融解させる。p 形シリコ

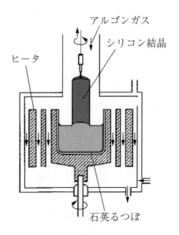

図 5.34 CZ 法

ンウェーハを作製する場合には不純物元素としてホウ素（B）を加え，n 形ならばリン（P）などのドナーを加える．つぎに，シリコンの種結晶を溶融面（融解したシリコンの液面）に触れさせてからゆっくりと引き上げる．(100)面方位のシリコンウェーハが必要ならば種結晶の結晶方位として〈100〉方位のものを使用する．種結晶は内部に転位が含まれている可能性があるため，精密な温度制御を行いながらいったん細くしぼった部分を作り（ネッキング），その後次第に結晶の直径を増やす．このネッキングによって下方の結晶は無転位となる．結晶を所定の直径に成長させた後，一定の径を保ちながら結晶を成長させることで種結晶と同じ原子配列の単結晶インゴットを得る．

　CZ 法の改良法として，磁場をかけた MCZ 法（magnetic field applied Czochralski method）も実用化されている．この方法はるつぼの外部から磁場を加え，溶融シリコンの対流を抑制しながら単結晶を引き上げる方法であり，石英るつぼと溶融シリコンとの反応を抑え酸素その他の不純物の混入を抑制できる．

　単結晶インゴットを成長させた後は，その両端（トップとテール）を切り落とし外周を研削し直径を揃え，結晶方位を示すノッチを加工する．その後ウェーハに切断し（スライシング），ウェーハ両面を研磨することで厚さを一定の規

152   5. LSI 製造プロセス

格におさめ（ラッピング），ウェーハ外周部の面取り（ベベリング）を行う。加工で歪んだ部分を化学エッチングによって除去し，CMP を施し高い平坦度を有する鏡面ウェーハとする。最後に，洗浄を行って有機物や金属汚染，パーティクルを除去し，ウェーハをキャリア（ケース）に入れて密封する。密封されたウェーハは LSI を製造するクリーンルームに送られ，そこで開封されて使用される。

演 習 問 題

【5.1】 以下の MPU 製造工程において，自己整合プロセスを用いている工程に○を付けなさい。
   （ ） STI のエッチング工程
   （ ） n ウェルのイオン注入工程
   （ ） ゲート電極のエッチング工程
   （ ） ソース・ドレインのエクステンションのイオン注入工程
   （ ） ソース・ドレインの深い不純物拡散層を形成するイオン注入工程
   （ ） ニッケルシリサイド（NiSi）形成工程
   （ ） デュアルダマシン・フローにおける配線層絶縁膜（low-k 膜）のエッチング工程

【5.2】 以下の各説明文が示す技術の名称を以下の〔 〕内の語句から選びなさい。
〔熱酸化技術，イオン注入技術，RCA 洗浄技術，ウェットエッチング技術，液浸露光技術，スパッタリング技術，CMP 技術〕
 （1） 光学系とシリコンウェーハの間に高屈折率の液体を供給して露光する技術
 （2） 酸素（O_2）や水蒸気（H_2O）雰囲気の中でシリコン（Si）を高温に熱し SiO_2 膜を形成する技術
 （3） 電界で加速したイオン（例えば Ar^+）を固体材料に衝突させることによって固体材料を構成していた原子を放出させ，その原子をシリコンウェーハなどの表面に堆積させる成膜技術
 （4） シリコンウェーハ表面に堆積された薄膜のすべてまたは一部を酸やアルカリなどの溶液で除去する技術
 （5） アンモニアと過酸化水素水の混合溶液（NH_4OH-H_2O_2-H_2O）を用いる SC-1（Standard Clean 1）と，塩酸と過酸化水素水（HCl-H_2O_2-H_2O）からな

る SC-2（Standard Clean 2）を組み合わせて行う洗浄技術
（6） スラリーと呼ばれる化学研磨剤と研磨パッドを用いて，化学作用と機械的研磨の複合作用でウェーハ表面の凸部を削って平坦化する技術
（7） 不純物元素を真空中でイオンにし電界によって加速してシリコンウェーハに注入する技術

【5.3】 問図5.1 は CMOS インバータのレイアウト図の例である。以下の問に答えなさい。

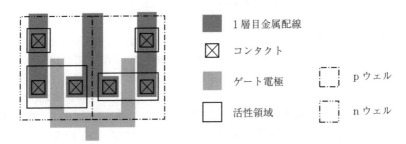

問図5.1 CMOS インバータのレイアウト図の例

（1） 問図5.1には3本の1層目金属配線が描かれている。各配線の役割を説明しなさい。
（2） 図5.21（n）に示した CMOS インバータの断面模式図は，問図5.1に示したレイアウト図のある部分の断面に対応している。どの部分に対応しているか答えなさい。

引用・参考文献

1) T. Ogata, T. Sorita, K. Kobayashi, Y. Matsui, K. Horie, and M. Hirayama："Kinetic Study of Silicon Nitride Growth from Dichlorosilane and Ammonia", Jpn. J. Appl. Phys. 35, Part 1, 3, pp. 1690–1695 (Mar. 1996)
2) J. C. Ranuarez, M.J. Deen, C-H. Chen："A review of gate tunneling current in MOS devices", Microelectronics Reliability 46, pp. 1939–1956 (Mar. 2006)

LSI の構成と動作

高度情報化社会の到来によって，世界中で生成され蓄積される情報の量は年々増加の一途を辿っている。これに伴って LSI の用途はますます広がっており，その重要性は増すばかりである。4 章と 5 章では LSI を構成する MOSFET と CMOS インバータ，個々の要素プロセス技術を主として扱った。本章では LSI の構成と動作について説明するが，論理 LSI の説明については回路設計の専門書に委ね，本書では 4 種類のメモリ（DRAM と SRAM，NOR 型フラッシュメモリ，NAND 型フラッシュメモリ）を取り上げる。

6.1　DRAM の動作

本節では，DRAM（Dynamic Random Access Memory）の基本構成と動作について説明する。DRAM の特徴の一つは，データの書き込みと読み出しの速度が速いことである。例えば，DDR3 SDRAM（Double-Data-Rate 3 Synchronous DRAM）ではデータ転送速度は 800～1 600 Mbps に及ぶ。一方，電源を切ると記憶したデータが失われる。また，電源を供給中でもデータの保持時間が限られており，定期的にデータの再書き込みを行う必要がある。この再書き込み動作はリフレッシュと呼ばれる。

DRAM では，図 6.1 に示すようにメモリセルが規則正しく配置されており，ビット線（BL）とワード線（WL）によって所望のメモリセルが選択されデータの書き込みや読み出しが行われる。若干の違いはあるが SRAM や NOR 型フラッシュメモリも基本的に図のように構成されている。

DRAM のメモリセルは図 6.2 に示すように，キャパシタと nMOSFET（制

6.1 DRAM の動作　155

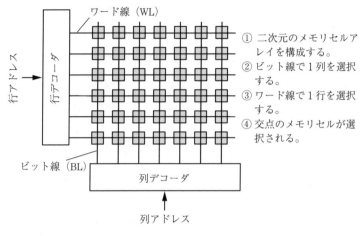

図 6.1 メモリセルアレイ

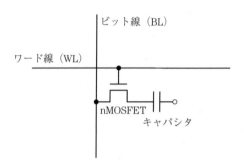

図 6.2 DRAM のメモリセル

御トランジスタ）の 2 個の素子で構成されている。6 個の MOSFET からなる SRAM のメモリセルと比べるとメモリセル面積が小さいため，1 チップのメモリ容量を大きくできる。nMOSFET のゲートはワード線に接続されており，ソース・ドレインの役割をする n 形シリコン領域の一方はキャパシタに接続されている。キャパシタに電荷が蓄積されているかどうか，すなわちキャパシタ電極の電位が高いか低いかによって情報を記憶する。

各メモリセルには行アドレスと列アドレスが付与されており，行アドレスと列アドレスを指定するデータをチップが受け取ると，指定されたワード線の電位を立ち上げ，指定されたビット線を選択し，その交点付近に配置されたメモ

156   6. LSI の構成と動作

リセルにデータを書き込んだり保存されたデータを読み出す仕組みとなっている。"1" を書き込むときは，ワード線の電位を $V_{DD}+V_{Tn}$ 以上に立ち上げ nMOSFET を ON 状態にする。ここで V_{DD} は電源電圧，V_{Tn}（>0）は nMOSFET のしきい値電圧である。つぎにビット線の電位を V_{DD} に上げると，電流が流れてキャパシタが充電される。既に "1" が書き込まれていればキャパシタに変化はない。"0" を書き込むときは，ワード線の電位を上げて nMOSFET を ON 状態にし，ビット線の電位を 0 V にしてキャパシタの電荷を放出させる。既に "0" が書き込まれていればキャパシタに変化は起こらない。

メモリセルのデータを読み出す際は，ビット線電位を $1/2V_{DD}$ に設定する。ワード線を立ち上げると nMOSFET が ON 状態となり，キャパシタの電極の電位に応じてビット線の電位が上昇，あるいは低下する。例えば，メモリセルに "1" が記憶されていれば，nMOSFET を介してキャパシタからビット線に電流が流れ込むため，ビット線の電位が瞬間的に上がる。ビット線の電位の上昇を検出することにより "1" と判断する。メモリセルに "0" が記憶されていればビット線の電位が瞬間的に下がり "0" と判断される。選択するワード線とビット線をつぎつぎに切り替えることで所望のメモリセルのデータを連続して取り出すことができる。ただし，読み出しのときにキャパシタ電極の電位が変化してしまうため記憶していたデータが失われてしまう。このため再書き込みを行う必要がある。

図 6.3 は DRAM の断面模式図である。ここでは基本的な動作を説明することに主眼を置くために，最も単純なプレーナ型キャパシタ構造の DRAM について説明するが，近年の複雑化したメモリセルでも動作原理は同じである。この例では，nMOSFET のゲート電極がワード線の一部を兼ねており，nMOSFET の一方の n 形シリコン領域はコンタクトプラグを介してビット線に接続されている。もう一方の n 形シリコン領域はキャパシタの下部電極を成す n 形拡散層と繋がっている。キャパシタは，nMOSFET とコンタクトプラグを経てビット線との間で電荷のやり取りをしてビット線電位を変化させ

6.1 DRAM の動作

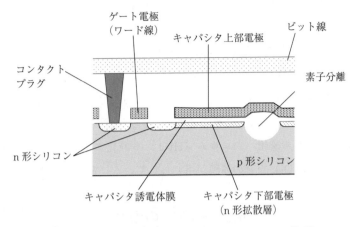

図6.3 DRAMの断面模式図（プレーナ型キャパシタ構造）

る。

　さて，キャパシタの下部電極をつくるn形拡散層の電位が高い状態のとき，n形拡散層とその下のp形シリコンがつくるpn接合には逆方向バイアスが加わった状態となる。このためpn接合で空乏層が広がり，空乏層中で生成する伝導電子がn形拡散層に引き寄せられn形拡散層の電位が下がってしまう。この現象がメモリセルのデータの反転を招いてしまうため，メモリセルのデータを一定時間ごとに繰り返し書き込む必要がある。これがリフレッシュを行う理由である。

　DRAMを構成する材料に含まれる同位体や宇宙から放射線がキャパシタに突入すると，この放射線によってシリコン中で電子正孔対が生成し，n形拡散層にこれらの電荷が引き寄せられ，データを失ってしまう場合がある。この現象によるデータ喪失をソフトエラーと呼ぶ。リフレッシュを行う時間間隔やソフトエラー発生頻度についての規格を満足するためには，一定量以上の電荷を蓄えることができるキャパシタ構造とする必要がある。キャパシタの蓄積電荷はキャパシタ容量C_Cに比例し，C_Cは次式で与えられる。

$$C_C = \varepsilon_0 \varepsilon_d \frac{S}{t_d} \tag{6.1}$$

158　　6. LSI の構成と動作

ここで，ε_0 は真空の誘電率，ε_d はキャパシタ誘電体膜の比誘電率，t_d はキャパシタ誘電体膜の膜厚，S はキャパシタ電極の面積である。

　一方，DRAM にも設計基準の縮小が求められており，微小なメモリセルにおいて容量 C_C を確保するために，キャパシタを立体化しキャパシタ面積 S を増やす方策が取られている。また，C_C を確保するためには t_d を薄くし ε_d を大きくすることも有効である。このためキャパシタには高い誘電率を有する誘電体膜が必要とされ，酸化ハフニウム（HfO_2）や酸化アルミニウム（Al_2O_3），酸化ジルコン（ZrO_2）などの薄膜が用いられている（表5.4を参照）。

6.2　SRAM の動作

　SRAM（Static Random Access Memory）は DRAM と異なり，リフレッシュや読み出し時の再書き込みを必要とせず，電源を供給している限り記憶したデータを保持し続ける。一つのメモリセルは6個の素子からなり，メモリセル当りの素子数が多いため大容量メモリには向いていない。高速動作および低消費電力という特徴を有しているため，MPU とメインメモリの間のキャッシュメモリとして使用されることが多く，MPU や SoC のチップ内にも搭載されている。また低消費電力のモバイル機器にも使用される。

　SRAM も DRAM と同様に，図6.1に示す構成となっている。メモリセルにはいくつかの方式があるが，近年主流となっている full CMOS 型のメモリセルの回路を**図6.4**に示す。二つの pMOSFET と四つの nMOSFET という構成となっており，pMOSFET（Q3）と nMOSFET（Q1）および，pMOSFET（Q4）と nMOSFET（Q2）からなる CMOS インバータが互いにたすき掛けされた配置を取っている。二つの nMOSFET（Q5，Q6）のゲートはワード線（WL）に接続されており，データの書き込みと読み出しを制御する。"1" を書き込むときは，ワード線 WL を立ち上げ高電位（V_{DD}）にし，選択トランジスタ Q5 と Q6 を ON 状態にする。ビット線は BL と $\overline{BL}$ が対になっており，BL を V_{DD}，$\overline{BL}$ を 0 V にする。このとき図の点 A の電位は BL と同じ V_{DD} と

6.2 SRAM の動作

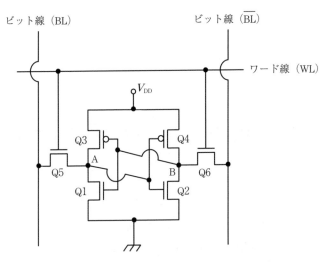

図 6.4 full CMOS 型の SRAM のメモリセル回路

なり，点 B の電位は $\overline{BL}$ と同じ 0 V となる．Q3 のゲートが点 B と接続されており，Q3 のソースは電源 V_{DD} に接続されているため Q3 は ON 状態となる．一方，Q1 は OFF 状態となり，点 A の電位は V_{DD} に固定される．Q4 のゲートが点 A と接続されているので Q4 は OFF 状態となり，Q2 のゲートが点 A と接続されており，ソースは接地されているため Q2 は ON 状態となる．このため点 B の電位は 0 V に維持される．点 A と B の電位がそれぞれ V_{DD} と 0 V で安定となり，これが "1" を書き込んだ状態である．逆に BL を 0 V，$\overline{BL}$ を V_{DD} にしたとき，点 A と B の電位がそれぞれ 0 と V_{DD} となり "0" を書き込んだ状態となる．ワード線を 0 V にすると選択トランジスタ Q5，Q6 が OFF 状態になり，電源 V_{DD} が入っている限りは A と B の電位はそのまま固定されて保持される．

データを読み出すときは，ワード線を V_{DD} にして選択トランジスタ Q5，Q6 を ON 状態にし，ビット線 BL と $\overline{BL}$ を同じ電位にプリチャージする．蓄えられているデータが "1" のときは点 A と B の電位は V_{DD} と 0 V であり，Q3 と Q2 が ON 状態にある．このため BL 電位が上がり，$\overline{BL}$ の電位が下がる．この動作によって，メモリセルのデータが "1" であることを検出する．蓄えら

160   6. LSI の構成と動作

れているデータが "0" のときは A と B の電位が 0 V と V_{DD} であるため，BL
電位が下がり $\overline{BL}$ の電位が上がる。これによってメモリセルのデータが "0"
であることを検出する。このときの検出増幅はセンスアンプと呼ばれる増幅回
路で行う。

6.3 NOR 型フラッシュメモリの構造と動作

　記憶したデータを電源が繋がっていない状態でも保持することのできる不揮
発性半導体メモリの一つにフラッシュメモリがある。フラシュメモリの特徴の
一つは，1 個のトランジスタのみでメモリセルを構成できることである。通常
フラッシュメモリ以外の EEPROM（Electrically Erasable and Programable
Read Only Memory）のメモリセルは 2 個のトランジスタからなっており，
DRAM のメモリセルは 1 個の MOSFET と 1 個のキャパシタ，ReRAM
（Resistive Random Access Memory）のメモリセルは 1 個の MOSFET と 1 個
の抵抗変化素子，SRAM のメモリセルは 6 個の MOSFET で構成されるのが
一般的である。フラッシュメモリは，メモリセルを構成する素子の数が最小で
あるため製造コストが低く，大量のデータの保存に向いている。

　フラッシュメモリは 2 種類に大別でき，画像や音楽・文書などのデータを蓄
積するファイルストレージの用途には NAND 型がおもに用いられ，ソフト
ウェアのような指定したアドレスに格納されたデータを読み出すことが求めら
れるコードストレージの用途には NOR 型が用いられる。本節では NOR 型フ
ラッシュメモリついて説明し，NAND 型については回路構成が著しく異なる
ため次節で説明する。NOR 型フラッシュメモリも DRAM や SRAM と同様
に，規則正しく配置されたメモリセルとビット線，ワード線からなっており
（図 6.1 を参照），ビット線とワード線によって選択した所望のメモリセルに随
時データを書き込むことができる。一言で NOR 型といっても多様なメモリセ
ル構造と動作原理が提案されており，本節では最初にフローティングゲート方
式のメモリセルの代表例について説明する。

図 6.5 はフローティングゲート方式のメモリセルの断面模式図である。コントロールゲートとシリコン基板の間に設けられたフローティングゲートは絶縁膜によって取り囲まれており、どこにも繋がっていない。通常、コントロールゲートとフローティングゲートは n 形の多結晶シリコンによって形成される。フローティングゲートとシリコン基板の間の絶縁膜はトンネル酸化膜と呼ばれ、シリコン基板を熱酸化して得られる厚さ $8 \sim 9\,\text{nm}$ 程度の SiO_2 膜である。基本構造はフローティングゲートを有する n チャネル MOSFET であり、コントロールゲートが通常の MOSFET のゲートに相当する。

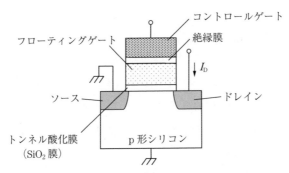

図 6.5 フローティングゲート方式のメモリセルの断面模式図（NOR 型フラッシュメモリ）

ソースとシリコン基板を接地し、ドレインに正電圧を与え、コントロールゲートにしきい値電圧 V_T より高い電圧を加えるとシリコン表面が反転状態となりチャネルが形成されてソース-ドレイン間に電流が流れる。フローティングゲートを電子が多い状態にすると、電子がつくる電界のためにシリコン表面の電位が下がる。このため、シリコン表面を反転状態にするためにより高い電圧をコントロールゲートに印加しなければならなくなり、しきい値電圧 V_T が高くなる。この状態を"0"と定義する。反対にフローティングゲートを電子が少ない状態にすると V_T が低くなる。この状態を"1"とする。すなわちフローティングゲートに蓄える電子の数を記憶するデータに対応させる。データを読み出す際は、ソースとシリコン基板を接地しドレインに正電圧を与え読み出し電圧をコントロールゲートに加える。図 6.6 に示すように、読み出し電圧

162　　　6. LSIの構成と動作

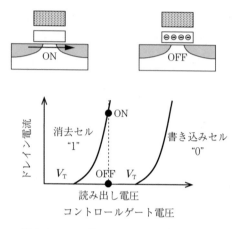

図 6.6　NOR型フラッシュメモリにおける
データの読み出し方法

と比べて V_T が高いときはメモリトランジスタがOFF状態であり，ドレイン電流が流れないため"0"が書き込まれていると判断する。読み出し電圧よりも V_T が低いときはメモリトランジスタがON状態となるためドレイン電流が流れ"1"状態と判断する。

　論理値の"0"を書き込むときは，図 6.7（a）に示すようにソースとシリコン基板を接地し，コントロールゲートとドレインに高い電圧を与え，メモリトランジスタをON状態にする。ドレイン近傍の強い電界によってチャネルの伝

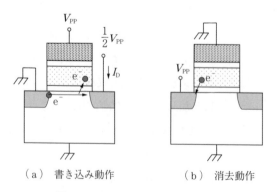

（a）書き込み動作　　　　（b）消去動作

図 6.7　NOR型フラッシュメモリの
書き込み消去動作の例

導電子が加速されホットエレクトロンが発生し，その一部がフローティングゲートへ注入される．ホットエレクトロンとは，電界で加速されて運動エネルギーが増加し，結晶格子の平均エネルギーよりも高いエネルギー状態となった電子のことである．この動作によってメモリトランジスタの V_T が高くなり，"0" が書き込まれる．

　メモリセルの状態を "0" から "1" の状態にする操作は消去と呼ばれる．消去はメモリセルごとに行われるのではなく，消去ブロック内のすべてのメモリセルに対して一度に行われる．図 (b) に示すように，コントロールゲートを 0 V としソースに正の高電圧を与えることによってトンネル酸化膜に高電界を加え，フローティングゲートに蓄えられていた電子を Fowler-Nordheim (F-N) トンネリングによってソースへ引き抜く（F-N トンネリングについては図 5.22 (b) を参照）．

　図 6.8 は一つのメモリセルのレイアウト図である．前出の図 6.5 は，この図の A-A' 線の断面に対応している．コンタクトホールは隣のメモリセルと共有されており，半分がこのメモリセルに属しているが，本図では 1 個を描いている．図 6.9 (a) はメモリセルアレイのレイアウト図であり，図 (b) はこれに対応する回路図である．いずれにおいても 12 個のメモリセルが描かれており，図 (a) では図 6.8 のメモリセルを時計回りまたは反時計回りに 90°回転して

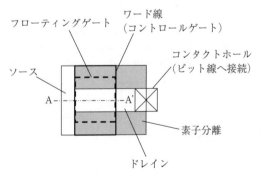

図 6.8　NOR 型フラッシュメモリのメモリセルのレイアウト図

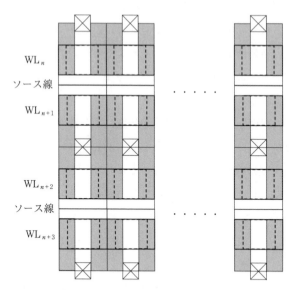

（a） メモリセルアレイのレイアウト図

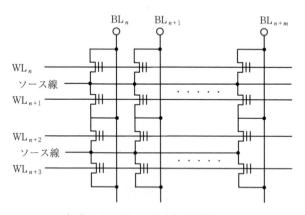

（b） メモリセルアレイの回路図

図6.9 NOR型フラッシュメモリのメモリセルアレイの構成

配置している．

　フラッシュメモリにおいて重視される性能として，①書き込み速度・消去速度，②書き換え可能回数（write endurance），③データ保持時間（data retention），④読み出し速度，⑤消費電力，⑥メモリ容量がある。フラッシュメモリの電源を切った状態においては，フローティングゲートに蓄えられた電子がフローティングゲートを取り囲む絶縁膜を通過して失われる確率はきわめて低く，10年以上のデータ保存が可能である。しかし，データの書き換え時にホットエレクトロン効果やトンネル効果を用いてフローティングゲートとシリコン基板の間で電子をやり取りする過程において，トンネル酸化膜に電子を捕獲する電荷トラップ（電荷捕獲中心）が生成する。すると図6.10に示すように，フローティングゲートに蓄積された電子が電荷トラップを介して外部へ放出される現象が起こり，データを消失する不良が発生する。書き換え回数が多いほど，そしてトンネル酸化膜の膜厚が薄いほどトラップ起因の電荷放出が高確率で起こるようになり，フラッシュメモリの書き換え可能回数やデータ保持時間など多くの性能がこの現象によって制限を受ける。トンネル酸化膜を構成するSiO_2は他の絶縁膜と比べて優れた絶縁性を有するが，SiO_2にもさまざまな種類の点欠陥（酸素欠損，Si-H結合，Si-OH結合など）が存在しており，これらが電荷トラップの原因と考えられている。

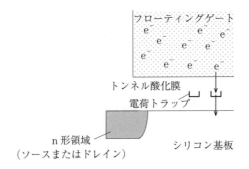

図6.10　フローティングゲートに蓄積された電子が電荷トラップを介して外部へ放出される現象

ここまでは，フローティングゲート方式のメモリセルの一例について説明してきた。LSI技術の進歩は速く，この分野でも高集積や高性能，高信頼性を実現できる複数の方式が提案されており，その一つに電荷トラップ方式がある。この方式では図6.11のようにMISFET（Metal-Insulator-Semiconductor

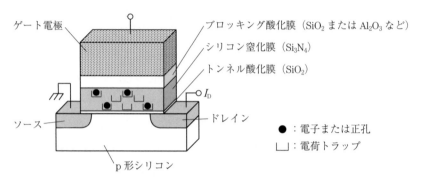

図6.11 電荷トラップ方式のメモリセルの模式図（NOR型フラッシュメモリ）

Field Effect Transistor）のゲート絶縁膜の一部にシリコン窒化膜からなる電荷捕獲膜を設け，この膜に内在する点欠陥が作る電荷トラップに電子や正孔を捕獲させてデータを記憶する。nチャネルMISFETを使用することが多く，電荷トラップに電子を捕獲させ，しきい値電圧 V_T が高くなった状態と正孔を捕獲させ V_T が低くなった状態を"0"と"1"に対応させる。シリコン窒化膜はシリコン基板を熱酸化して得られる SiO_2 膜（トンネル酸化膜）の上に減圧CVD法によって形成され，膜厚は5～12 nm程度である。シリコン窒化膜の上には SiO_2 や Al_2O_3 などバンドギャップが大きな絶縁材料からなるブロッキング酸化膜が設けられる。この方式はMONOS（Metal-Oxide-Nitride-Oxide-Semiconductor）型メモリとも呼ばれる。

データの読み出し方法は，図6.6に示したフローティングゲート方式の場合と同様で，ソースとシリコン基板を接地し，ドレインに正電圧を与え，読み出し電圧をゲートに加える。読み出し電圧と比べて V_T が高いときはメモリトランジスタがOFF状態であり，ドレイン電流が流れないため，ドレインと電気的に繋がっているビット線の電位は変化しない。読み出し電圧よりも V_T が低いときはメモリトランジスタがON状態となるためドレイン電流が流れ，ビット線の電位が変化する。この変化を検出してメモリセルのデータが"0"か"1"かを判断する。

データの書き込みには，ホットエレクトロン効果を用いてチャネルから電子

をシリコン窒化膜へ注入する方法を用いるデバイスが多いが，トンネル効果を用いてチャネルからシリコン窒化膜へ電子を注入するデバイスも存在する。データの消去については，バンド間トンネリングと呼ばれる方法でホットホールを生成しシリコン窒化膜へ注入する方法や，トンネル効果でシリコン基板からシリコン窒化膜へ正孔を注入する方法が用いられる。MONOS型では，所望のメモリセルを選んで書き込みを行うためにメモリトランジスタ以外に選択ゲートまたは選択トランジスタを各メモリセルに付加した構成を採ることが多い。

6.4 NAND 型フラッシュメモリの構造と動作

NAND型フラッシュメモリは1987年に舛岡富士雄（東北大学名誉教授，発明当時は東芝に在籍）ら日本人によって提案・発明されたメモリLSIである。当初から携帯機器やコンピュータの外部記憶装置としてハードディスクを置き換えることを意識して開発され，高速動作と低コストを実現するために従来の半導体メモリとは異なるメモリセルアレイ構成と回路構成を有している。今日，大容量・低価格のNAND型フラッシュメモリが実現したことでスマートフォンやタブレット端末，ウェアラブルコンピュータ，ディジタルオーディオプレーヤ，ディジタルカメラなどの携帯電子機器の記憶容量が増大し，それらの利便性が大きく向上した。

NAND型フラッシュメモリのメモリセルアレイは当初，フローティングゲート方式のメモリセルをシリコン表面に二次元的に配列した構成であった。しかし，フローティングゲート方式メモリセルの微細化の限界のために二次元メモリセルアレイでは高集積化が困難となり，シリコン表面に対し鉛直方向にもメモリセルを積層する三次元配列のメモリセルアレイが用いられるようになった。三次元配列の場合のメモリセルについては電荷トラップ方式とフローティングゲート方式が開発されそれぞれ製品化されている。ここではNAND型フラッシュメモリの動作とメモリセルアレイの回路構成について理解するために，まず二次元配列のフローティングゲート方式のNAND型フラッシュメ

モリについて説明する。

NAND 型においてもフローティングゲート方式のメモリセルの基本的な構造は図 6.5 に描かれたとおりであり，フローティングゲートに蓄える電子の数を記憶するデータに対応させる。**図 6.12** は，フローティングゲート方式のメモリセルの書き込み消去動作を説明する模式図である。論理 "0" を書き込むときはコントロールゲートに 18～20 V 程度の書き込み電圧 V_{pgm} を印加し，ソースとドレイン，p 形シリコン（p ウェル）を 0 V とする。すると p 形シリコン表面に反転層が発生し，反転層の伝導電子がトンネル酸化膜を介してF-N トンネリングによってフローティングゲートに注入される。消去を行う場合はコントロールゲートを 0 V とし，p ウェルに消去電圧 V_{ers} を印加する。トンネル酸化膜に高電界が加わり，フローティングゲートに存在する電子がF-N トンネリングによって p ウェルに放出される。

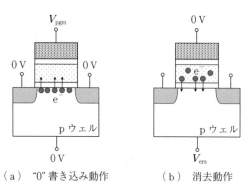

（a）"0" 書き込み動作　　（b）消去動作

図 6.12 フローティングゲート方式 NAND 型フラッシュメモリの書き込み消去動作

NAND 型フラッシュメモリのメモリセルには NOR 型と大きく異なっている点があり，各メモリセルはコンタクトプラグを有していない。このためメモリセルの専有面積が NOR 型と比べて小さく，大容量に向いている。各メモリセルにコンタクトがないためランダムアクセスには向かないが，一度に複数のメモリセルに対し書き込みや読み出しを行うことのできる回路構成とすることで高速動作を実現した。**図 6.13** はメモリセルアレイの一部分を表した回路図で

6.4 NAND型フラッシュメモリの構造と動作

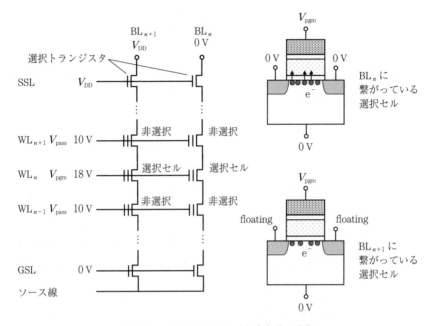

図 6.13 メモリセルアレイと書き込み動作

ある。縦に並んだトランジスタの列はストリング (string) と呼ばれ，一つのストリングには 32 から 64 個のメモリトランジスタが繋がっている。この図を用いて選択セルに "0" を書き込む方法を説明する。まず，選択セルのコントロールゲートが繋がっている WL_n に書き込み電圧 V_{pgm} (18 V) を印加し，同時に WL_n 以外のワード線（図では WL_{n-1} と WL_{n+1}）に V_{pass} (10 V) を与える。BL_n を 0 V とし，SSL に V_{DD} を与え選択トランジスタを ON 状態にすると，このストリングに繋がっているメモリトランジスタはすべて ON 状態となる。このとき選択セルのチャネルの電位は BL_n と同じ 0 V となり，コントロールゲートとの間の電位差が 18 V と大きいため F-N トンネリングによって電子がフローティングゲートに注入され "0" が書き込まれる。

一方，V_{DD} を与えた BL_{n+1} のストリングでは選択トランジスタが OFF 状態となり，メモリトランジスタのチャネルの電位はフローティング (floating) となる。このため選択セルのコントロールゲートとチャネルの間に大きな電位

差が得られず，フローティングゲートに注入される電子の数が無視できるほど少ないため"0"書き込みは行われない。このようにビット線の電位を0Vとしたストリングの選択セルにのみ"0"が書き込まれ，ビット線の電位をV_{DD}としたストリングの選択セルは"1"のままとなる。ちなみに，非選択セルのコントロールゲートには10Vしか与えていないため，フローティングゲートに注入される電子の数は無視できるほど少なく，非選択セルに"0"書き込みは行われない。このようにして一つのワード線に接続されている複数のメモリセル（選択セル）に一括してデータを書き込むことができる。

　消去動作は多数のストリングからなるブロックという単位で行われ，ブロック内のすべてのメモリセルを消去して"1"状態とする。消去するブロックではコントロールゲートを0Vとし，pウェルに消去電圧V_{ers}を印加する。消去しないブロックではコントロールゲートをフローティング状態に保つことにより，電子の引抜きは起こらない。

　読み出しは，図6.14のように選択セルのコントロールゲートが繋がってい

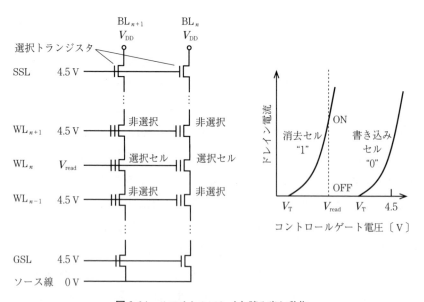

図6.14　メモリセルアレイと読み出し動作

るワード線（図ではWL$_n$）に読み出し電圧 V_{read} を与える。選択セルが"0"状態であれば，V_{read} がしきい値電圧 V_T よりも低いため選択セルは OFF 状態となる。消去状態（"1"状態）であれば，選択セルは ON 状態となる。このとき，WL$_n$ 以外のワード線（図では WL$_{n-1}$ と WL$_{n+1}$）と SSL，GSL に例えば 4.5 V の電圧を印加し，これらと接続されているトランジスタを ON 状態としておく。選択セルが ON 状態（"1"状態）のストリングではすべてのトランジスタが ON 状態となり，ビット線からソース線に掛けて電流が流れ，ビット線の電位が変化する。一方，選択セルが OFF 状態（"0"状態）のストリングでは電流が流れないため，ビット線の電位に変化はない。この変化をセンスアンプで増幅することで選択セルのデータを検出する。このようにして一つのワード線に接続されている複数のメモリセル（選択セル）のデータを一括して読み出すことができる。

図 6.15 はメモリセルのレイアウトである。メモリセルは1個のトランジスタのみからなり，コンタクトプラグを有していない。ソース・ドレインは5章で説明した MOSFET と同じく自己整合プロセスで形成される。また素子分離（STI）は，フローティングゲートを形成した後に自己整合プロセスで形成される。このような構造によって，半導体メモリにおいて最小のメモリセル面積が実現された。設計基準を F [nm] とするとき，フローティングゲート方式の NOR 型フラッシュメモリのメモリセル面積は $10 \sim 12 F^2$ [nm^2] であるのに対し，NAND 型では $4 F^2$ [nm^2] である。**図 6.16** にはメモリセルアレイのレイアウトを示した。

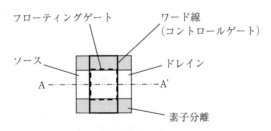

図 6.15 NAND 型フラッシュメモリの
メモリセルのレイアウト

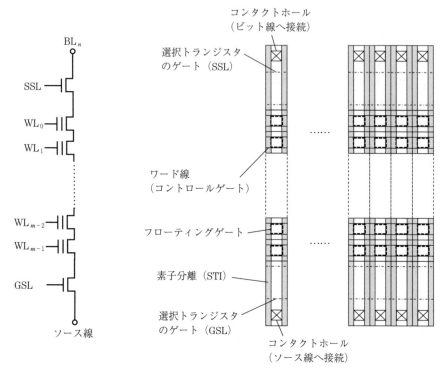

図 6.16 NAND 型フラッシュメモリのメモリセルアレイのレイアウト

　NAND 型フラッシュメモリでは 1 ビット当りのコストを低減するために多値記憶技術が用いられている．図 6.14 では一つのメモリセルに "0" か "1" を記憶させる場合について説明した．これに対し**図 6.17** のように，フローティングゲートの電子の数によってメモリトランジスタが四つのしきい値電圧の値をとるようにすると，しきい値電圧が最も高い状態から "00" "01" "10" "11" と定義することによって一つのメモリセルに 2 ビットのデータを記憶することができる．データを読み出す際には，選択セルのワード線に図に示した 3 種類の読み出し電圧 V_{read1}, V_{read2}, V_{read3} を順次与え，どの読み出し電圧でメモリトランジスタが ON 状態となったかによって保存されているデータを検出する．近年は，八つのしきい値電圧の値を取れるようにし，一つのメモリセルに 3 ビットを記憶するデバイスが製品化されている．

6.4 NAND型フラッシュメモリの構造と動作　173

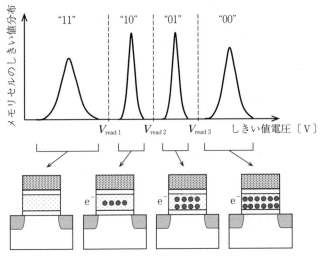

図6.17　多値技術による2ビット記憶

　ここまで説明してきたように，最小のメモリセルと多値技術によって低コストで大容量の不揮発性メモリが実現されたが，情報化社会の一層の進展によってさらなる高集積化が求められている．しかし，フローティングゲート方式のNAND型フラッシュメモリでは，設計基準の縮小に連れて隣接するメモリセルのフローティングゲートどうしが電気的に干渉するようになり，他の理由と合わせて設計基準を15 nmよりも縮小することが困難となった．そこで，高集積化のために新たに採用されたのが三次元積層メモリセル構造である．この構造ではフローティングゲート方式も提案されているが，電荷トラップ方式が主流である．

　図6.18は電荷トラップ方式のメモリセルの模式図である[1]．各メモリセルは，ゲート絶縁膜としてブロッキング酸化膜-シリコン窒化膜-トンネル酸化膜の3層絶縁膜を有している．図6.12に示した二次元メモリでは，メモリトランジスタはp形シリコン基板の表面近くに形成されていた．一方，このメモリセルでは，円筒状に形成された多結晶シリコン薄膜がメモリトランジスタのボディとなっている．この多結晶シリコンには不純物がドープされておらず，真性半導体の状態である．多結晶シリコンの外周を3層のゲート絶縁膜が取り

174   6. LSI の構成と動作

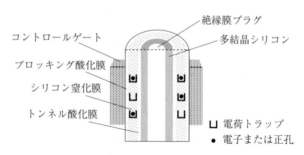

図 6.18　三次元メモリで用いられる電荷トラップ方式の
メモリセルの例（模式図）

囲んでおり，さらにその外周の一部をコントロールゲートが取り囲んでいるため，チャネルも円筒形状である．コントロールゲートにしきい値電圧よりも高い電圧を与えると多結晶シリコンの電位が上がり，メモリトランジスタが ON 状態となる．すると多結晶シリコン中を図の上下方向に電流が流れる．各メモリセルは n チャネル MISFET としての動作を行うが，ソース・ドレインの n 形拡散層は有していない．ゲート電極の両端からの電界によって多結晶シリコンに電子を蓄積させて n 形拡散層の代わりとする．この理由は，n 形拡散層を形成すると製造工程が複雑になるからである．データの記憶原理としては，シリコン窒化膜中の電荷トラップ（電荷捕獲中心）に電子や正孔を捕獲させメモリトランジスタのしきい値電圧を変化させる．シリコン窒化膜が捕獲した電子の数が多いときはしきい値電圧が高くなり，電子の数が少ないかまたは正孔を捕獲した状態ではしきい値電圧が低くなる．三次元メモリでも図 6.17 に示した多値技術が導入されており，捕獲した電子と正孔の数に応じてメモリトランジスタが四つのしきい値電圧の値をとるようにすると，一つのメモリセルに 2 ビットのデータを保存することができ，八つのしきい値電圧の値をとるようにすると 3 ビットのデータを保存することができる．

　図 6.19 は，三次元 NAND 型フラッシュメモリの一つのストリングの回路図と断面模式図の例である[2]．メモリセルがシリコン基板表面に対し鉛直方向に積層されている．2 本の円筒の上部にビット線とソース線が接続されているが，回路構成としては二次元メモリと同じである．バックゲートは，ビット線

6.4 NAND型フラッシュメモリの構造と動作

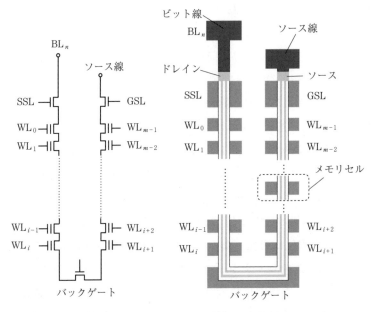

図 6.19 三次元 NAND 型フラッシュメモリの一つのストリングの回路図と断面模式図

が繋がった左の円筒とソース線が繋がった右の円筒を電気的に接続するために設けられており，動作に対して大きな意味は持たない．書き込みの原理は二次元セルと同様であり，選択セルのワード線（例えば WL_i）に書き込み電圧 V_{pgm} を印加し，同時に WL_i 以外のワード線（図では $WL_0 \sim WL_{i-1}$ と $WL_{i+1} \sim WL_{m-1}$）に V_{pass}（$<V_{pgm}$）を与える．BL_n を 0 V とし，SSL に V_{DD} を与え選択トランジスタを ON 状態にすると，このストリングに繋がっているメモリトランジスタはすべて ON 状態となる．このとき選択セルのチャネルの電位は BL_n と同じ 0 V となり，コントロールゲートとの間の電位差が大きいため F-N トンネリングによって電子がシリコン窒化膜に注入され書き込まれる．一つのメモリセルに 2 ビットを記憶する場合には，4 種類のしきい値電圧の値に書き込む必要があり，きめ細かく制御するために書き込み電圧パルスを数回に分ける．書き込みパルスを印加，しきい値電圧を確認（ベリファイ），再び書き込みパルスを印加という手順を繰り返し，目標とするしきい値電圧とす

176　　6. LSI の構成と動作

る。書き込みパルスの高さと長さはしきい値電圧の目標値に応じて変化させる。

　読み出し動作も二次元メモリと同様である。一つのメモリセルに2ビットを記憶でき，"00" "01" "10" "11" の各状態のしきい値電圧と V_{read1}, V_{read2}, V_{read3} の関係が図6.17と同じ場合を考える。例として，選択セルが "01" 状態であるとしよう。選択セルのコントロールゲートが繋がっているワード線（例えば WL_i）に読み出し電圧 V_{read1} を与えると，V_{read1} はしきい値電圧よりも低いため選択セルは OFF 状態となる。このとき WL_i 以外のワード線（図では WL_0〜WL_{i-1} と WL_{i+1}〜WL_{m-1}）と SSL, GSL に接続されているトランジスタを ON 状態としておく。選択セルが OFF 状態にあるとセル電流は流れずビット線の電位は変化しない。つぎに，ワード線 WL_i に読み出し電圧 V_{read2} を与える。選択セルは "01" 状態であり，やはり OFF のままであるため引き続きビット線の電位に変化はない。ワード線 WL_i に読み出し電圧 V_{read3} を与えたとき選択セルが ON 状態となり，ビット線からソース線にかけて電流が流れ，ビット線の電位が変化する。この動作によって選択セルのデータが "01" と判定される。

　電荷トラップ方式では，フラッシュメモリにおいて重視される性能の中の書き込み速度とデータ保持時間（data retention）が，シリコン窒化膜の電荷トラップの特性（密度・捕獲断面積・エネルギー準位・空間分布）やブロッキング酸化膜とシリコン窒化膜，トンネル酸化膜の膜厚に依存する。三次元メモリの更なる高集積化を実現するための鍵は，積層デバイスの加工技術と電荷捕獲現象を制御する技術にあるといえる。

演 習 問 題

【6.1】 図6.4の full CMOS 型の SRAM のメモリセルに "0" を書き込むとき（書き込み終了直前）のワード線（WL）と BL, $\overline{BL}$ の電位，トランジスタ Q1〜Q6 の状態（ON か OFF か），点 A と点 B の電位を答えなさい。

【6.2】 以下の各項は DRAM，SRAM，NOR 型フラッシュメモリ，NAND 型フラッシュメモリのどのメモリの特徴を述べたものか答えなさい。

（a） 高速動作及び低消費電力という特徴を有しているため，MPU とメインメモリの間のキャッシュメモリとして使用されることが多い。

（b） 電源を供給中でもデータの保持時間が限られておりリフレッシュを行う必要がある。

（c） 画像や音楽・文書などのデータを蓄積するファイルストレージの用途におもに用いられる。

（d） 一つのメモリセルは6個の MOSFET で構成されている。

（e） メモリセルは1個のトランジスタのみから成りコンタクトプラグを有していない。

（f） シリコン表面に対し鉛直方向にメモリセルを積層する三次元配列のメモリセルアレイが用いられている。

（g） メモリセルはキャパシタと制御トランジスタの2個の素子で構成されている。

引用・参考文献

1) Y. Fukuzumi, R. Katsumata, M. Kito, M. Kido, M. Sato, H. Tanaka, Y. Nagata, Y. Matsuoka, Y. Iwata, H. Aochi, A. Nitayama："Optimal Integration and Characteristics of Vertical Array Devices for Ultra-High Density, Bit-Cost Scalable Flash Memory", International Electron Device Meeting, Washington, pp. 449-452 (Dec. 2007)

2) R. Katsumata, M. Kito, Y. Fukuzumi, M. Kido, H. Tanaka, Y. Komori, M. Ishiduki, J. Matsunami, T. Fujiwara, Y. Nagata., Li Zhang., Y. Iwata, R. Kirisawa, H. Aochi, and A. Nitayama："Pipe-shaped BiCS Flash Memory with 16 Stacked Layers and Multi-Level-Cell Operation for Ultra High Density Storage Devices", 2009 Symposium on VLSI Technology, Honolulu, pp. 136-137 (June 2009)

演習問題の解答

1章

【1.1】 取得できるチップ数は 2.25 倍，チップコストは 30% 減少する。

【1.2】 （1） ゲルマニウム，14 族

（2） 集積回路

（3） International Technology Roadmap for Semiconductors（ITRS）

2章

【2.1】 立方体の頂点に八つの単位胞に含まれる原子が 8 個，面心に位置する二つの単位胞に含まれる原子が 6 個，立方体内部に位置する原子が 4 個あるので，計 8 個である。

【2.2】 5×10^{22} 個/cm³

【2.3】 $\boldsymbol{b}_1 = (2\pi/a)\boldsymbol{x}$, $\boldsymbol{b}_2 = (2\pi/a)\boldsymbol{y}$, $\boldsymbol{b}_3 = (2\pi/a)\boldsymbol{z}$

【2.4】 $\boldsymbol{b}_1 = (-2\pi/a, 2\pi/a, 2\pi/a)$, $\boldsymbol{b}_2 = (2\pi/a, -2\pi/a, 2\pi/a)$,
$\boldsymbol{b}_3 = (2\pi/a, 2\pi/a, -2\pi/a)$

3章

【3.1】 （1） $\dfrac{3}{2}k_\mathrm{B}T = \dfrac{3}{2} \times 1.381 \times 10^{-23} \times 300 = 6.21 \times 10^{-21}$ J, 0.038 8 eV

（2） $v_\mathrm{th} = \left(\dfrac{3k_\mathrm{B}T}{m^*}\right)^{\frac{1}{2}} = \left(\dfrac{3 \times 1.381 \times 10^{-23} \times 300}{0.26 \times 9.109 \times 10^{-31}}\right)^{\frac{1}{2}} = 2.3 \times 10^5$ m/s $= 2.3 \times 10^7$ cm/s

（3） $v_\mathrm{d} = -\mu_\mathrm{n}\mathcal{E} = -1\,600 \times 10/0.1 = 1.6 \times 10^5$ cm/s, 1/140 倍

（4） $E_\mathrm{i} = \dfrac{1}{2}(E_\mathrm{C} + E_\mathrm{V}) + \dfrac{3}{4}k_\mathrm{B}T \ln\dfrac{m_\mathrm{dh}}{m_\mathrm{de}}$

$= \dfrac{1}{2}(-4.05 + (-4.05 - 1.12)) + \dfrac{3}{4} \times 8.617 \times 10^{-5} \times 300 \times \ln\dfrac{0.58m_0}{1.06m_0}$

$= -4.62$ eV

（5） $E_\mathrm{H} = -\dfrac{m_0}{2\hbar^2}\left(\dfrac{q^2}{4\pi\varepsilon_0}\right)^2\dfrac{1}{n^2}$

$$
\begin{aligned}
&= -\frac{9.109 \times 10^{-31}}{2 \times (6.626 \times 10^{-34}/2\pi)^2} \times \left(\frac{(1.602 \times 10^{-19})^2}{4\pi \times 8.854 \times 10^{-12}}\right)^2 \times \frac{1}{1^2} \\
&= -13.6\,\mathrm{eV}
\end{aligned}
$$

$$
E_\mathrm{D} = E_\mathrm{H}\frac{m_\mathrm{ce}}{m}\frac{1}{\varepsilon_\mathrm{S}^{\,2}}
$$

$$
= -13.6 \times 0.26 \times \frac{1}{11.9^2} = -0.025\,\mathrm{eV}
$$

【3.2】 同一の不純物密度に対し p 形シリコンの抵抗率が n 形シリコンの抵抗率よりも高い。

p 形シリコンの抵抗率は $\rho = \dfrac{1}{qp\mu_\mathrm{p}}$

n 形シリコンの抵抗率は $\rho = \dfrac{1}{qn\mu_\mathrm{n}}$

で与えられ，$n = p$ であるから，抵抗率の差は正孔の移動度 μ_p が電子の移動度 μ_n に比べて低いために生じたと考えられる。

【3.3】 伝導帯下端近傍の E-k 関係が式（3.31）で近似できるとする。

$$
E(k) = E_\mathrm{C} + \frac{\hbar^2 k^2}{2m^*} \tag{3.31}
$$

この式で m^* は伝導帯下端近傍における電子の有効質量である。E-k 曲線の曲率は式（3.31）から m^* に依存することがわかる。

問図 3.1 において，GaAs の伝導帯下端近傍の E-k 曲線の曲率がシリコンと比べて明らかに大きい。このため GaAs の電子の有効質量の方が小さい。

4 章

【4.1】 （ア） 反転，（イ） 電子，（ウ） 正孔，（エ） p，（オ） ボロン，
（カ） 3，（キ） 伝導帯の下端，（ク） 価電子帯の上端，
（ケ） フェルミ-ディラック，（コ） フェルミ準位，
（サ） $\dfrac{1}{1+\exp\dfrac{E-E_\mathrm{F}}{k_\mathrm{B}T}}$，（シ） 正，（ス） $-qN_\mathrm{A}l_\mathrm{D}$

【4.2】 省略

【4.3】 省略

【4.4】
$$
I_\mathrm{D} = \frac{W}{L}\mu_\mathrm{n}\frac{\varepsilon_0\varepsilon_\mathrm{ox}}{t_\mathrm{ox}}\left\{(V_\mathrm{G}-V_\mathrm{T})\,V_\mathrm{D} - \frac{1}{2}V_\mathrm{D}^2\right\} \tag{4.58}
$$

$$
\frac{\partial I_\mathrm{D}}{\partial V_\mathrm{D}} = \frac{W}{L}\mu_\mathrm{n}\frac{\varepsilon_0\varepsilon_\mathrm{ox}}{t_\mathrm{ox}}\left\{(V_\mathrm{G}-V_\mathrm{T})-V_\mathrm{D}\right\} = 0
$$

より，$V_G - V_T = V_D$ が成り立つときに I_D が極大となる。これを式（4.58）に代入すると

$$I_D = I_{D.max} = \frac{1}{2}\frac{W}{L}\mu_n\frac{\varepsilon_0\varepsilon_{ox}}{t_{ox}}(V_G - V_T)^2$$

となり式（4.60）が得られる。

【4.5】 式（4.60）より

$$I_{D.max} = \frac{1}{2}\frac{W}{L}\mu_n\frac{\varepsilon_0\varepsilon_{ox}}{t_{ox}}(V_G - V_T)^2 \tag{4.60}$$

より，I_D を大きくする方策として

・ゲート幅 W を広げる，

・ゲート長 L を短くする，

・ゲート絶縁膜の膜厚 t_{ox} を薄くする，

・ゲート絶縁膜材料を比誘電率が高い材料に変更する，

・移動度が高い材料をチャネルに使用する，

などが挙げられる。

【4.6】 （A） アクセプタイオン，（B） 反転層，（C） 空乏層，
（D） ピンチオフ

【4.7】 （1） $C_{ox} = \varepsilon_0\varepsilon_{ox}\dfrac{1}{t_{ox}} = 8.854\times10^{-12}\times3.85\times\dfrac{1}{100\times10^{-9}} = 3.41\times10^{-4}\,\mathrm{F/m^2}$

（2） $\phi_F = \dfrac{k_B T}{q}\ln\left(\dfrac{N_A}{n_i}\right) = \dfrac{1.381\times10^{-23}\times300}{1.602\times10^{-19}}\ln\left(\dfrac{1.5\times10^{16}\times10^6}{1.45\times10^{16}}\right) = 0.36\,\mathrm{V}$

（3） $E_i = -4.62\,\mathrm{eV}$， $E_F = -4.62 - 0.36 = -4.98\,\mathrm{eV}$

（4） $l_{D.max} = 2\sqrt{\dfrac{\varepsilon_0\varepsilon_S k_B T}{q^2 N_A}\ln\left(\dfrac{N_A}{n_i}\right)}$

$\qquad = 2\sqrt{\dfrac{8.854\times10^{-12}\times11.9\times1.381\times10^{-23}\times300}{(1.602\times10^{-19})^2\times1.5\times10^{16}\times10^6}\ln\left(\dfrac{1.5\times10^{16}\times10^6}{1.45\times10^{16}}\right)}$

$\qquad = 2.5\times10^{-7}\,\mathrm{m}$

（5） $V_T = \dfrac{qN_A l_{D.max}}{C_{ox}} + 2\phi_F$

$\qquad = \dfrac{1.602\times10^{-19}\times1.5\times10^{22}\times2.51\times10^{-7}}{3.41\times10^{-4}} + 2\times0.36 = 2.5\,\mathrm{V}$

（6） 省略

【4.8】 （1） $C_L{}' = \dfrac{\varepsilon_0\varepsilon_{ox}}{t_{ox}{}'}L'W' = \dfrac{1}{\kappa}C_L$ $\quad\therefore\ \dfrac{1}{\kappa}$ 倍

（2） $I_{D.max}{}' = \dfrac{1}{2}\dfrac{W/\kappa}{L/\kappa}\mu_n\dfrac{\varepsilon_0\varepsilon_{ox}}{t_{ox}/\kappa}\left(\dfrac{V_{GS}}{\kappa} - \dfrac{V_T}{\kappa}\right)^2 = \dfrac{I_{D.max}}{\kappa}$ $\quad\therefore\ \dfrac{1}{\kappa}$ 倍

（3） $P' \propto f'C_L'V_{DD}'^2 = \kappa f \dfrac{1}{\kappa} C_L \left(\dfrac{1}{\kappa}V_{DD}\right)^2 = \dfrac{1}{\kappa^2}P$ ∴ $\dfrac{1}{\kappa^2}$ 倍

5章

【5.1】 自己整合プロセスを用いている工程は以下のとおり。
（○） ソース・ドレインのエクステンションのイオン注入工程
（○） ソース・ドレインの深い不純物拡散層を形成するイオン注入工程
（○） ニッケルシリサイド（NiSi）形成工程

【5.2】 （1） 液浸露光技術　（2） 熱酸化技術　（3） スパッタリング技術
（4） ウェットエッチング技術　（5） RCA 洗浄技術　（6） CMP 技術
（7） イオン注入技術

【5.3】 （1）左から，電源電圧 V_{DD} を供給する配線，出力信号を取り出す配線，0 V を与える配線。
（2） 図 5.21（n）に示した CMOS インバータの断面模式図は，**解図 5.1** の AA′ 線で示す部分の断面に対応している。

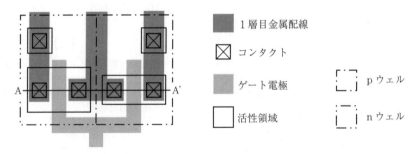

解図 5.1

6章

【6.1】 WL の電位は V_{DD}，BL は 0 V，$\overline{BL}$ は V_{DD} であり，Q1 は ON，Q2 は OFF，Q3 は OFF，Q4 は ON，Q5 は ON，Q6 は ON の状態である。
点 A の電位は 0 V，点 B の電位は V_{DD} である。

【6.2】 （a） SRAM，（b） DRAM，（c） NAND 型フラッシュメモリ，
（d） SRAM，（e） NAND 型フラッシュメモリ，
（f） NAND 型フラッシュメモリ，（g） DRAM

索　　　引

【あ】

アクセプタ	50
アクセプタイオン	51
アクセプタ準位	51

【い】

イオン注入技術	125
イオン注入装置	125
イオン注入法	108
移動度	56
井戸型ポテンシャル	19
異方性エッチング	114, 115
イメージセンサ	13
インバータ	89
──の論理記号	90

【う】

ウェットエッチング	121
ウェーハプロセスの流れ	
	107

【え】

液浸露光	111
エクステンション	135
エッチング	114
エッチングガス	116
エネルギー固有値	21
エネルギーバンド	31
エンハンスメント形	85, 88
エンハンスメント形	
MOSFETの回路記号	89

【か】

開口数	110
解像度	110
界面準位	117
化学機械研磨	124

化学気相堆積	117
化学ポテンシャル	40
拡　散	58, 126
拡散定数	58
価電子帯	38
可動イオン	117, 122
可変容量	77
還元ゾーン表示	34
間接遷移型半導体	60

【き】

基底状態	21
機能設計	104
基本逆格子ベクトル	26
基本格子ベクトル	25
基本単位胞	25
基本並進ベクトル	25
基本方程式	30
逆格子空間	26
逆格子点	26
逆格子ベクトル	26
逆有効質量テンソル	46
吸　着	118
許容帯	35
禁制帯	35
金属配線	137

【く】

空間電荷中性の条件	53
空格子	31
空格子近似	31
空乏近似	73
空乏状態	66
空乏層	66
空乏層電荷	66
クリーンルーム	128
クーロンポテンシャル	49
群速度	44, 46

【け】

結　晶	24
結晶系	24
結晶格子	24
ゲート酸化膜	108, 141
ゲート絶縁膜	5, 64, 138, 145
ゲート長	5
ゲート電極	108, 130
ゲートファーストプロセス	
	130
ゲート容量	141
減圧CVD	118
研磨パッド	124

【こ】

光学近接効果補正	112
格子点	24
高誘電率ゲート絶縁膜	138
固定電荷	117
コンタクトプラグ	136
コンタクトホール	136
コントロールゲート	161

【さ】

再結合	54
最大空乏層幅	73
サイドウォールスペーサ	
	136
サリサイド	146
三次元NAND型	
フラッシュメモリ	174

【し】

しきい値電圧	74, 80, 94
自己整合プロセス	136
仕事関数	64
周期的境界条件	29

索　　　　引　　　183

周期的なポテンシャル	28	
自由電子	17	
縮重度	23	
縮　退	23	
出力特性	85	
主量子数	21	
シュレディンガー方程式	18	

【そ】

相互コンダクタンス	86
ソース	81
ソース-基板間バイアス	94
ソース線	171
ソフトエラー	157

【た】

ダイヤモンド構造	25
多値記憶技術	172
ダブルエクスポージャ	114
ダブルパターニング	114
ダマシンゲート・プロセス	144
単位構造	24
単位胞	24
タングステン	136
短チャネル効果	98

常圧 CVD	118
仕様設計	104
状態密度	24
状態密度有効質量	41, 42
焦点深度	110
シリコン	38
シリコン結晶	24, 150
シリコン酸化膜	116
シリコン窒化膜	119
真性キャリヤ密度	43
真性半導体	38
——のフェルミ準位	38
真性フェルミ準位	43

【す】

水素アニール	138
水素様モデル	49
スケーリング則	93
ストリング	169
スパッタリング装置	119
スパッタリング法	119
スペーサダブルパターニング	114
スラリー	124

【ち】

遅延時間	96
蓄積状態	66, 77
チップコスト	7
チャネル	81
チャネル長	81
チャネル幅	81
直接遷移型半導体	60
直接トンネリング	139
直接トンネル電流	140
チョクラルスキー法	150

【つ】

強い反転	73

【せ】

正　孔	37, 47
正孔密度	41, 52, 72
生　成	54
製造コスト	7
絶縁材料の比誘電率	142
ゼロ点エネルギー	21
前駆体	118
線形領域	82
——のドレイン電流	85, 87
清浄度クラス	128
占有確率	40

【て】

抵抗率	57, 147
低誘電率絶縁膜	137, 148
テスト設計	105
出払い領域	53
デプレッション形	88
電荷トラップ方式	165
電子親和力	64
電子占有確率	69
伝達特性	85
伝導帯	38

伝導電子	36, 48
伝導電子密度	39, 41, 52, 72

【と】

銅拡散防止膜	149
動作周波数	5
銅多層配線	148
導電率	57
等方性エッチング	114
ドーズ量	126
ドナー	48
ドナーイオン	48
ドナー準位	49
ド・ブロイの関係式	17
ドライエッチング	115
トラップ準位	117
ドリフト移動度	56
ドリフト速度	56
ドリフト電流	57
ドレイン	81
ドレイン電流	85, 87
トレンチ	130, 149
トンネル効果	139
トンネル酸化膜	161, 166
トンネル電流	139

【な】

ナトリウム	122

【に】

ニッケルシリサイド	136, 146

【ね】

ネガ型	109
熱 CVD	118
熱 CVD 法	119
熱拡散	126
熱酸化	116
熱速度	56

【の】

ノーマリーオフ	87
ノーマリーオン	88

【は】

配線抵抗	147
ハイブリッド集積回路	10
波　数	17
波数空間	23
パッシベーション膜	138
パーティクル	122
バリヤメタル	136, 149
反転状態	67
反転層	68
反転層電荷	84
バンドギャップ	34

【ひ】

ビアホール	137
ビット線	154
比抵抗	57
表面電荷密度	66, 68, 77
表面ポテンシャル	71
表面マイグレーション	118
比例縮小則	93
ピンチオフ状態	82, 85
ピンチオフ点	82
ピンチオフ電圧	82

【ふ】

フィックの拡散の第一法則	58
フィックの第一法則	126
フィックの第二法則	127
フェルミ準位	40, 53
フェルミ・ディラックの分布関数	40
フェルミポテンシャル	64, 71
フォトリソグラフィ技術	109
フォトレジスト	106

フォトン	16
付着確率	118
フッ酸溶液	121
物質波	17
ブラッグの回折条件	33
フラッシュメモリ	160
フラットバンド状態	78
フラットバンド電圧	79
フラットバンド容量	79
ブラベー格子	24
プランク定数	16
フーリエ級数	26
フーリエ係数	26
ブリユアンゾーン	32
プレーナ型キャパシタ構造	156
プレナー技術	2
ブロッキング酸化膜	166
ブロッホ関数	30
ブロッホの定理	31
フローティングゲート	161
フローティングゲート方式	160, 168
分散関係	32

【へ】

平均射影飛程	126
平均自由時間	56
並進操作	26
並進対称性	25
平坦化	124

【ほ】

ポアソン方程式	71, 76
ホウ素	50
飽和領域	83
——のドレイン電流	85
ポジ型	110
ホットエレクトロン	163

ボロン	50
ボンディングパッド	138

【ま】

マスク ROM	12
ムーアの法則	3

【め】

メタルゲート	143
面心立方格子	24

【も】

モノリシック集積回路	10

【ゆ】

有効質量	46
有効状態密度	41, 42

【よ】

弱い反転	73

【り】

理想 MOS 構造	64
リフレッシュ	154, 157
リ　ン	48

【れ】

レイアウト図	153, 163, 171
レイアウト設計	105
レベンソン型位相シフトマスク	112

【ろ】

露光波長	111
論理しきい値電圧	93

【わ】

ワード線	154

【A】

acceptor	50
accumulation condition	66
ALD 法	120

Ammonium hydroxide and hydrogen Peroxide Mixture	123
APM	123

【B】

Back End Of Line	137
basis	24
BEOL	137

Bravais lattice	24	
Brillouin zone	32	

【C】

channel	81
Chemical Mechanical Polishing	124
CMOS インバータ	89, 129
——の回路図	89
——の入出力特性	90
CMOS 回路	89
CMP	124
CVD	117
C-V 特性	75
Czochralski 法	150
CZ 法	150

【D】

depletion condition	66
Depth of Focus	110
diffusion constant	58
direct tunneling	139
DOF	110
donor	48
drain	81
DRAM	154
——のメモリセル	154
drift mobility	56
DSP	11
Dynamic Random Access Memory	154

【E】

EEPROM	12
Electrically Erasable and Programmable Read Only Memory	12
EPROM	12
Erasable and Programmable Read Only Memory	12

【F】

FEOL	137
FinFET	145
flat-band voltage	79
F-N トンネリング	139

F-N トンネル電流	139
Fowler-Nordheim トンネリング	139
Front End Of Line	137

【G】

genaration	54

【H】

HF 溶液	121
hole	37
HPM	123
Hydrochloric acid and hydrogen Peroxide Mixture	123
hydrogen-like model	49

【I】

I_D-V_D 特性	82, 85
I_D-V_G 特性	85
International Technology Roadmap for Semiconductors	7
intrinsic semiconductor	38
inversion condition	67
inversion layer	68
inverter	89
ITRS	7

【K】

k 空間	23

【L】

low-k 膜	137, 149

【M】

magnetic field applied Czochralski method	151
mask ROM	12
MCU	11
MCZ 法	151
mean free time	56
MONOS 型メモリ	166
Moore's law	3
MOS 構造	63
MPU	11

【N】

NAND 型フラッシュメモリ	13, 167
NiSi	136, 146
normally off	87
normally on	88
NOR 型フラッシュメモリ	13, 160
NOT 論理ゲート	89
n ウェル	130
n 形半導体	48
n チャネル MOSFET	5, 81, 86

【O】

OPC	112
Optical Proximity Correction	112

【P】

PECVD	118
Plasma Enhanced CVD	118
precursor	118
primitive cell	25
p ウェル	130
p 形半導体	51
p チャネル MOSFET	81, 86

【R】

RAM	11
Random Access Memory	11
Rapid Thermal Annealing	128
RCA 洗浄	123
Reactive Ion Etching	115
Read Only Memory	11
reciprocal lattice point	26
recombination	54
RIE	115
ROM	11
RTA	128

【S】

salicide	146

SC-1	123	Static Random Access		
SC-2	123	Memory	158	**【V】**
Schrödinger equation	18	STI	129	voltage transfer curve 90
self-aligned silicide	146	string	169	**【W】**
Shallow Trench Isolation		strong inversion	73	weak inversion 73
	129	Sulfuric acid and hydrogen		**【Z】**
Si_3N_4	119	Peroxide Mixture	123	zero-point energy 21
Siemens 法	150	System on a Chip	8	**【ギリシャ文字】**
SiO_2 膜	116	**【T】**		Γ 点 60
SoC	8	the condition of space-charge		**【数字】**
source	81	neutrality	53	4 端子表記 88
sp^3 混成軌道	38	trench	130	
SPM	123	**【U】**		
SRAM	158	unit cell	24	
Standard Clean 1	123			
Standard Clean 2	123			

―― 著者略歴 ――

1981年 名古屋大学工学部応用物理学科卒業
1983年 名古屋大学大学院工学研究科博士前期課程修了（応用物理学専攻）
1983年 三菱電機株式会社（LSI研究所，ULSI開発研究所，メモリ事業統括部，ULSI技術開発センター）
1997年 博士（工学）（名古屋大学）
2003年 株式会社ルネサステクノロジ（生産技術本部，生産本部）
2005年 東海大学教授
　　　 現在に至る

集積回路のための半導体デバイス工学
Semiconductor Device Engineering for Integrated Circuits

© Kiyoteru Kobayashi 2018

2018年4月6日　初版第1刷発行　　　　　　　　　　　　　★

検印省略	著　者　小　林　清　輝 発行者　株式会社　コロナ社 　　　　代表者　牛来真也 印刷所　新日本印刷株式会社 製本所　有限会社　愛千製本所

112-0011　東京都文京区千石 4-46-10
発行所　株式会社　コロナ社
CORONA PUBLISHING CO., LTD.
Tokyo Japan
振替 00140-8-14844・電話(03)3941-3131(代)
ホームページ　http://www.coronasha.co.jp

ISBN 978-4-339-00909-5　C3055　Printed in Japan　　　　　　（柏原）

〈出版者著作権管理機構　委託出版物〉
本書の無断複製は著作権法上での例外を除き禁じられています．複製される場合は，そのつど事前に，出版者著作権管理機構（電話 03-3513-6969，FAX 03-3513-6979，e-mail: info@jcopy.or.jp）の許諾を得てください．

本書のコピー，スキャン，デジタル化等の無断複製・転載は著作権法上での例外を除き禁じられています．購入者以外の第三者による本書の電子データ化及び電子書籍化は，いかなる場合も認めていません．
落丁・乱丁はお取替えいたします．

電子情報通信レクチャーシリーズ

■電子情報通信学会編　　　　　　　　（各巻B5判）

共　通

	配本順			頁	本　体
A-1	（第30回）	電子情報通信と産業	西村吉雄著	272	4700円
A-2	（第14回）	電子情報通信技術史 ―おもに日本を中心としたマイルストーン―	「技術と歴史」研究会編	276	4700円
A-3	（第26回）	情報社会・セキュリティ・倫理	辻井重男著	172	3000円
A-4		メディアと人間	原島　博／北川　高嗣共著		
A-5	（第6回）	情報リテラシーとプレゼンテーション	青木由直著	216	3400円
A-6	（第29回）	コンピュータの基礎	村岡洋一著	160	2800円
A-7	（第19回）	情報通信ネットワーク	水澤純一著	192	3000円
A-8		マイクロエレクトロニクス	亀山充隆著		
A-9		電子物性とデバイス	益川　一哉／天川　修平共著		

基　礎

	配本順			頁	本　体
B-1		電気電子基礎数学	大石進一著		
B-2		基礎電気回路	篠田庄司著		
B-3		信号とシステム	荒川　薫著		
B-5	（第33回）	論理回路	安浦寛人著	140	2400円
B-6	（第9回）	オートマトン・言語と計算理論	岩間一雄著	186	3000円
B-7		コンピュータプログラミング	富樫　敦著		
B-8	（第35回）	データ構造とアルゴリズム	岩沼宏治他著	208	3300円
B-9		ネットワーク工学	仙田　正和／石村　裕共著／田中　敬介		
B-10	（第1回）	電磁気学	後藤尚久著	186	2900円
B-11	（第20回）	基礎電子物性工学 ―量子力学の基本と応用―	阿部正紀著	154	2700円
B-12	（第4回）	波動解析基礎	小柴正則著	162	2600円
B-13	（第2回）	電磁気計測	岩﨑　俊著	182	2900円

基　盤

	配本順			頁	本　体
C-1	（第13回）	情報・符号・暗号の理論	今井秀樹著	220	3500円
C-2		ディジタル信号処理	西原明法著		
C-3	（第25回）	電子回路	関根慶太郎著	190	3300円
C-4	（第21回）	数理計画法	山下　信雄／福島　雅夫共著	192	3000円
C-5		通信システム工学	三木哲也著		
C-6	（第17回）	インターネット工学	後藤　滋樹／外山　勝保共著	162	2800円
C-7	（第3回）	画像・メディア工学	吹抜敬彦著	182	2900円

配本順				頁	本体
C- 8	(第32回)	音 声 ・ 言 語 処 理	広 瀬 啓 吉著	140	2400円
C- 9	(第11回)	コンピュータアーキテクチャ	坂 井 修 一著	158	2700円
C-10		オペレーティングシステム			
C-11		ソフトウェア基礎	外 山 芳 人著		
C-12		デ ー タ ベ ー ス			
C-13	(第31回)	集 積 回 路 設 計	浅 田 邦 博著	208	3600円
C-14	(第27回)	電 子 デ バ イ ス	和 保 孝 夫著	198	3200円
C-15	(第 8 回)	光 ・ 電 磁 波 工 学	鹿子嶋 憲 一著	200	3300円
C-16	(第28回)	電 子 物 性 工 学	奥 村 次 徳著	160	2800円

展 開

				頁	本体
D- 1		量 子 情 報 工 学	山 崎 浩 一著		
D- 2		複 雑 性 科 学			
D- 3	(第22回)	非 線 形 理 論	香 田 徹著	208	3600円
D- 4		ソフトコンピューティング			
D- 5	(第23回)	モバイルコミュニケーション	中 川 正 雄 大 槻 知 明共著	176	3000円
D- 6		モバイルコンピューティング			
D- 7		デ ー タ 圧 縮	谷 本 正 幸著		
D- 8	(第12回)	現 代 暗 号 の 基 礎 数 理	黒 澤 馨 尾 形 わかば共著	198	3100円
D-10		ヒューマンインタフェース			
D-11	(第18回)	結 像 光 学 の 基 礎	本 田 捷 夫著	174	3000円
D-12		コンピュータグラフィックス			
D-13		自 然 言 語 処 理	松 本 裕 治著		
D-14	(第 5 回)	並 列 分 散 処 理	谷 口 秀 夫著	148	2300円
D-15		電 波 シ ス テ ム 工 学	唐 沢 好 男 藤 井 威 生共著		
D-16		電 磁 環 境 工 学	徳 田 正 満著		
D-17	(第16回)	ＶＬＳＩ工学 ―基礎・設計編―	岩 田 穆著	182	3100円
D-18	(第10回)	超 高 速 エ レ ク ト ロ ニ ク ス	中 村 徹 三 島 友 義共著	158	2600円
D-19		量 子 効 果 エ レ ク ト ロ ニ ク ス	荒 川 泰 彦著		
D-20		先 端 光 エ レ ク ト ロ ニ ク ス			
D-21		先端マイクロエレクトロニクス			
D-22		ゲ ノ ム 情 報 処 理	高 木 利 久 小 池 麻 子編著		
D-23	(第24回)	バ イ オ 情 報 学 ―パーソナルゲノム解析から生体シミュレーションまで―	小長谷 明 彦著	172	3000円
D-24	(第 7 回)	脳 工 学	武 田 常 広著	240	3800円
D-25	(第34回)	福 祉 工 学 の 基 礎	伊福部 達著	236	4100円
D-26		医 用 工 学			
D-27	(第15回)	ＶＬＳＩ工学 ―製造プロセス編―	角 南 英 夫著	204	3300円

定価は本体価格＋税です。
定価は変更されることがありますのでご了承下さい。

図書目録進呈◆

大学講義シリーズ

（各巻A5判，欠番は品切です）

配本順		著者	頁	本体
（2回）	通 信 網・交 換 工 学	雁 部 顯 一 著	274	3000円
（3回）	伝 送 回 路	古 賀 利 郎 著	216	2500円
（4回）	基 礎 システム 理 論	古 田・佐 野 共著	206	2500円
（7回）	音 響 振 動 工 学	西 山 静 男他著	270	2600円
（10回）	基 礎 電 子 物 性 工 学	川 辺 和 夫他著	264	2500円
（11回）	電 磁 気 学	岡 本 允 夫著	384	3800円
（12回）	高 電 圧 工 学	升 谷・中 田 共著	192	2200円
（14回）	電 波 伝 送 工 学	安 達・米 山 共著	304	3200円
（15回）	数 値 解 析（1）	有 本 卓 著	234	2800円
（16回）	電 子 工 学 概 論	奥 田 孝 美著	224	2700円
（17回）	基 礎 電 気 回 路（1）	羽 鳥 孝 三著	216	2500円
（18回）	電 力 伝 送 工 学	木 下 仁 志他著	318	3400円
（19回）	基 礎 電 気 回 路（2）	羽 鳥 孝 三著	292	3000円
（20回）	基 礎 電 子 回 路	原 田 耕 介他著	260	2700円
（22回）	原 子 工 学 概 論	都 甲・岡 共著	168	2200円
（23回）	基 礎 ディジタル 制 御	美 多 勉他著	216	2400円
（24回）	新 電 磁 気 計 測	大 照 完他著	210	2500円
（26回）	電 子 デ バ イ ス 工 学	藤 井 忠 邦著	274	3200円
（28回）	半 導 体 デ バ イ ス 工 学	石 原 宏著	264	2800円
（29回）	量 子 力 学 概 論	権 藤 靖 夫著	164	2000円
（30回）	光・量 子 エレクトロニクス	藤 岡・小 原 斉 藤 共著	180	2200円
（31回）	ディ ジ タ ル 回 路	高 橋 寛他著	178	2300円
（32回）	改訂 回 路 理 論（1）	石 井 順 也著	200	2500円
（33回）	改訂 回 路 理 論（2）	石 井 順 也著	210	2700円
（34回）	制 御 工 学	森 泰 親著	234	2800円
（35回）	新版 集 積 回 路 工 学（1） —プロセス・デバイス技術編—	永 田・柳 井 共著	270	3200円
（36回）	新版 集 積 回 路 工 学（2） —回路技術編—	永 田・柳 井 共著	300	3500円

以 下 続 刊

電 気 機 器 学	中西・正田・村上共著	電 気・電 子 材 料	水谷 照吉他著
半 導 体 物 性 工 学	長谷川英機他著	情 報 システム 理 論	長谷川・高橋・笠原共著
数 値 解 析（2）	有本 卓著	現 代 システム 理 論	神山 真一著

定価は本体価格+税です。
定価は変更されることがありますのでご了承下さい。

図書目録進呈◆